獻給　蘇菲

紀念緹歐佩佩雪莉酒、德國香腸豬排

和貼著臉頰跳舞

@Bob Golding Bristol,UK

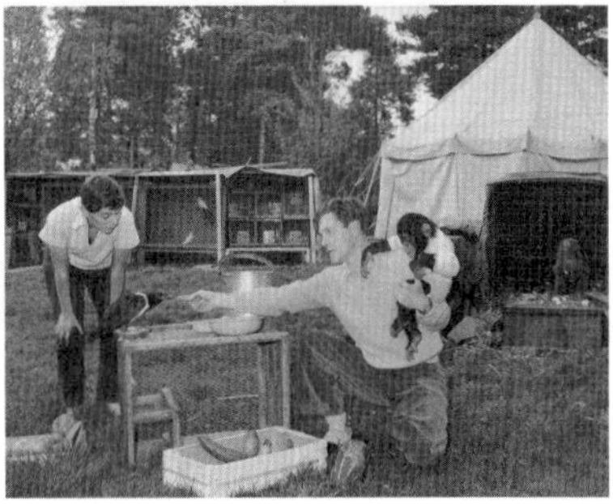

A ZOO
IN MY LUGGAGE
行李箱裡的野獸們

誕生於英國澤西島的保育奇蹟

•
•
•

Gerald Durrell
傑洛德・杜瑞爾——著　唐嘉慧——譯

Contents

目錄

譯者序

記得曾讀到某君表示，若能選擇，他想當杜瑞爾，令我驚駭。的確，杜瑞爾一生多彩多姿，成就斐然。生前，他行遍歐、亞、非、美洲及紐澳，足跡所至，蒐集馴服的動物與人不計其數，動物中包括許多珍稀物種；而為他效力的人，上至王公貴族、名流巨賈，下至販夫走卒。身後，他的書持續再版，征服一代接一代的新讀者；改編的電視影集，直到二〇一九年還在播出新製作。杜瑞爾最膾炙人口的書，全在上世紀中葉寫成，這六、七十年來地球自然環境、人類科技發展及生活型態變化如此劇烈，他的書仍能抓住年輕孩子的注意力。這樣的生命，表面上看起來的確令人豔羨。但天底下沒有白吃的午餐，他付出的代價太昂貴。

這本書敘述一九五六至五七年他帶第一任妻子賈姬重返西非的經歷，筆觸一貫輕鬆幽默，又是本讀來令人開心快樂的書。一如往常，杜瑞爾對於困擾他的私人問題絕口不提。這次遠征其實是他生命中一道重要的分水嶺——這一次他是為自己的動物園蒐集動物。在此前他侃侃而談保育動物的理想抱負，大張撻伐當時動物園界的錯誤觀念與不當措施，往後他必須將言論付諸實踐，經營一個大機構團體，為無數的生命負責，成為他人評鑑批判的對象。然而這次遠征也在他身心健康上劃下一道分界，折磨他餘生的憂鬱症首次顯露邪惡病態的面目，他和賈姬雙雙感染一種齧咬紅血球的細菌，對他生理造成深遠的影響。

遠征之前，傑瑞三十一歲，結婚不滿六年，已寫完六本書，躋身暢銷作家，遠征五次，資深野生動物蒐集家的地位穩固；年底《我的家人與其他動物》跨國出版，不斷刷新銷售紀錄。他的生命平臺已巨幅升高，企圖心亦多向擴展。他已決定將動物園設在伯恩茅斯，並向市政府提出申請；他與BBC合作，夢想拍攝前所未見的自然紀錄片。西非是他的最愛，十年前他首度深入非洲原始森林紮營，濃郁的感官經驗令他神醉數月，他等不及和心愛的賈姬分享。難怪在海上慶祝聖誕節請大家喝香檳時他感覺極好，想像此行成功圓滿——但他的預感錯了！

他抵達的喀麥隆，正為脫離英帝國獨立做準備而騷動，入境頭幾個星期政府官員對他充滿敵意。等沒收的器械歸還，申請的執照發下，傑瑞的精神狀態已大不對勁；他日益消沉，不肯進食，每天灌一瓶威士忌。滯留燠熱的馬姆費期間，賈姬與蘇菲全身起汗疹，苦不堪言，哀求盡快移師高地巴福特，傑瑞卻像身心都麻痺了似的，遲遲不肯行動。有天晚上爛醉後，他和地方官打賭，在屋外碎石路上賽跑，人家穿鞋、他赤腳，結果把兩個腳掌割得稀爛，住院兩週。接著他白天昏厥，清醒後短暫失明。心生恐懼的傑瑞打算取消一切計畫，提前回國。眼看辛苦策畫的遠征將前功盡棄，賈姬情急生計，提議把蒐集到的動物留作自己動物園的創始成員，用來脅迫伯恩茅斯市政府盡速撥地建設園區。傑瑞聽後才恢復行動力。

再一次，賈姬給傑瑞注射新的生機，把他朝自己的理想與目標、和他倆最終不可避免的分離，又推近一步。

轉往巴福特後，雖然夫妻倆與國王相處融洽，傑瑞的情緒仍困鎖在灰暗谷底。因他在床上抽菸，把蚊帳燒出許多洞，再度染上瘧疾。接著他和賈姬都感染上一種會破壞紅血球的細菌，變得形容枯槁，彷彿一對活死人。年輕助手鮑伯注意到他倆關係緊張，感覺不到一絲親密和諧。

自西非返國後，傑瑞便以感染細菌導致貧血為藉口，每天喝一箱健力士（Guinness）黑啤酒。往後幾年，如吹氣球般變胖，而且因皮膚過敏、刮鬍子辛苦，蓄起了大鬍子。一九五九年大衛．艾登堡和他在布宜諾斯艾利斯巧遇，艾登堡清楚記得他看起來比實際年齡年輕十歲；五年後兩人再見，艾登堡嚇一跳，說他看起來竟比實際年齡老了十歲！彷彿昆蟲，他的「蛻變」程度與速度驚人；他第一次遠征用的護照身高登記為五呎七吋，等到一九六五年他赴西非獅子山共和國遠征，護照上的身高居然變成五呎十一吋！英俊清癯的傑瑞從此消失，取而代之的是「保育界的銀背大猩猩」！

杜瑞爾一生不離菸酒，在此我想備注時代與文化背景。視抽菸為「骯髒習慣」是上世紀末才流行的思潮；中國人認為酗酒是戕害健康且易亂性的大罪惡，西方人至今視之為正常社交行為。杜瑞爾一家人都酗酒，人盡皆知（瑪戈除外，她幾乎不沾酒）。杜瑞爾母親懷他期間，每天嗜吃的食物是「香檳」！日後這成為他的最佳藉口。不過親近他的人都同意，喝酒從未影響他的工作。如他所說，酒是他的「啟動器」。杜瑞爾生性害羞，親近的人都記得他嚴重怯場。出場前，他臉色慘白、盜汗發抖，需要喝純威士忌壓驚，可一旦站在觀眾席前，立刻判若兩人，發射出千萬伏特的驚人魅力。杜瑞爾喝酒，理直氣壯，但他承認十六歲便染上菸癮，非常愚蠢。也是因為害羞（加上缺乏自信？），他在生人面前不知該把雙手往哪裡放。「也許這就是我喜歡跟動物在一起的原因，」他說。「動物接受你，百分之百，人卻不同，人們總期望你表現出最好的一面。」

就能量而言，一個人肥胖等於披戴「抗壓甲冑」。杜瑞爾從小不僅瘦弱，而且體質超級敏感，他之所以能逃過上小學，是因為若強迫他去學校，他會莫名其妙發燒、生怪病。就連大哥勞倫斯也對小弟從「竹竿」變「硬漢」的轉形感到驚異、甚至佩服。可惜披甲戴冑也不能變成無敵金剛。動物園成立後，他從一個自由人變成一座大機構；五年後信託基金設置，七〇年代加拿大與美國姊妹信託基金、動物園附屬迷你大學陸續成立。二十年下來，他所代表的機構愈滾愈大、牽連愈廣，他的工作是替動物園發言及籌錢，為動物園的革命理念與當權派抗爭，和寫書養活自己（動物園屬於信託基金，他是榮譽理事長，不支薪）。他端著乞討缽——即他那張嘴，長期周旋於銀行經理、政府官員、陌生金主之間……做的全是令他畏懼厭惡的工作，還經常吃力不討好。一九六四年倫敦動物園學會舉辦動物保育專題研討會，根本不邀請澤西動物園出席。整個六〇年代，杜瑞爾都被動物園主流派譏評為「暴發戶」、「不專業」、「瘋狂」……除了來自外界強大的壓力，感情如詩人般纖細熾烈的杜瑞爾兩次婚姻各有問題，也給他許多折磨。想了解杜瑞爾為什麼罹患嚴重憂鬱症，以及他中年後種種自我毀滅的行逕，必須先談他的第一次婚姻。

當他初識賈姬時，長得像小精靈的她才十九歲，是英國曼徹斯特一間小旅館業主的女兒，正專心接受訓練，準備成為歌劇演唱者。二十三歲的傑瑞已遠征非洲兩次，小有名氣，因與當地動物園洽商，下榻此處，正巧有個巡迴表演的芭蕾舞團也住這裡。擅於投射「風流倜儻」形象的傑瑞，同時和三位舞伶拍拖。賈姬認定此人是棵膚淺的花心蘿蔔，對他第一印象惡劣；傑瑞卻對這位「在女人堆裡像隻小知更鳥的女孩」印象深刻，緊接著赴南美洲遠征途中，一直無法忘懷。通常他一深入荒野，便將女人拋諸腦後，這次顯然不同。返國後他欲「探究異象」，展開追求。

賈姬的父親對女兒管教嚴格，強烈反對她和「不務正業」的傑瑞交往，反而促成他倆的進一步發展。賈姬覺得傑瑞的攻勢很煩，便藉父親反對，發出最後通牒，請他停止糾纏。傑瑞只表示：「讓我跟妳父親談談。」

接下來的事件，又是艾登堡爵士所謂「杜瑞爾魔法」的最佳例證。

傑瑞兼程北上，兩個男人抱一瓶威士忌鎖入書房。賈姬本以為將聽見兩人對吼、激烈爭執，沒想到傳出來的是酒酣耳熱後的笑語喧闐。等兩人踱出書房，賈姬的父親已甲械盡除！後來賈姬在跟傑瑞約會時，看見了傑瑞在動物園餵食照顧他寄養的動物的另一面，心防也逐步卸下。

賈姬後來表示：「傑瑞認為只要是他想要的，他都有權利擁有。老實說，也沒人能拒絕他！」

戀愛兩年，賈姬的父親仍反對他倆結婚，於是賈姬一成年，便在傑瑞催促下，收拾行李，隨他私奔。父親不原諒她，親子決裂，一輩子再沒聯絡。為了愛，她犧牲一切——放棄家人的祝福與支持、個人的追求及工作事業。一個富智慧、個性好強的女性在這種狀況下結婚，兆頭不祥。

杜瑞爾從小備受母親溺愛，儘管浪漫專情，談男女感情卻不成熟。基本上他無法獨立生活，總需要女人在身邊，無條件愛他、支持他達成理想。賈姬愛他，傾力協助他，結婚初期督促他寫作，幫他校稿、打字、策畫遠征、照顧動物……；創業有成後變成他的總管家、私人祕書、會計、司機、採辦……然而傑瑞的理想目標，自始至終非她的理想目標。二十五年後她再度收拾行李，離開他，要求離婚的理由是杜瑞爾全心投入工作，他倆沒有任何空間發展私人關係。

其實這段婚姻從沒有私人空間。新婚後賈姬等於搬入熱鬧的杜瑞爾大家庭，但至少他倆還有屬於自己的小閣樓；杜瑞爾出版第一本書之後，因他拼音能力極差，打字錯字連篇，校稿重打耗時費力，便開始僱用祕書（即書中提到的蘇菲），從此寫作改採口述。祕書白天來小閣樓裡上班，三人擠在一起。往後工作之餘，包括度假旅行，必有祕書同行；因杜瑞爾的度假時間，即是寫作趕稿的時間。澤西動物園成立後，他們搬入優雅寬敞的Les Augres Manor（法文意為「鬼魂的宅邸」），但宅邸亦是辦公室、會議廳兼公共咖啡和餐廳，加上杜瑞爾堅持「門戶開放政策」，員工碰上任何疑難雜症，隨時可以上樓走進他倆的起居間或臥室，不需敲門。就連杜瑞爾包容力如聖人的母親，來作客一段時間後，也表示家中人來人往，晝夜不分，令她想尖叫。

遠征西非，給了他倆的婚姻極大的考驗。一九五九年澤西動物園開幕時，他們正在阿根廷遠征，停留首都期間發生車禍，賈姬受傷嚴重，疑似頭骨碎裂，必須提前返國，傑瑞如失怙恃，非常想念她，頻頻寫信向她道歉示愛，字裡行間暗示賈姬早生去意，傑瑞似乎預感他倆合而為一的融契感將一去不返，顯得十分焦慮。這次他的預感對了；本來一對金童玉女，從此感情日漸荒蕪。一九六四年，他母親去世，無疑是壓上駱駝背的最後一根稻草。瑪戈記得傑瑞常躲著人抱頭痛哭，問他為什麼哭，從來不講。「他只是哭、哭、哭……哭個不停。我跟他不一樣，我可以像溜溜球一樣墜入愛河、停止愛、再戀愛……他不行。」一九六八年，他回科孚島度假，童年的伊甸園拜賜他寫書宣傳，觀光業迅速發展，環境惡質化，他的憂鬱症再次發作，回國後精神崩潰，被祕密送進療養院「休養」三週，出院後更加倚賴酒精和鎮靜劑。

理智實際的賈姬認為杜瑞爾因為童年過得太幸福，讓他相信生命理應如此，當事與願違，他便無法面對，只想逃避，只想喝酒、吃藥。

一九七〇年代，澤西動物園獲得全世界肯定，曾經排擠他的當權派勢微，倫敦動物園一度面臨倒閉危機，杜瑞爾鼓吹的「異論」逐漸成為主流思潮，各方對這位「先知」如潮湧至的諛詞與榮耀，只讓祕密的憂鬱症患者更強烈感覺自己是個招搖撞騙、吹牛的大騙子。動物園想做的保育工作需要他不斷奔波募款，人類因無知與貪婪對大自然進行的殘害令他憤怒失望，他和賈姬這兩位摩羯座揹負著誓言與承諾的沉重十字架，繼續在貧瘠乾涸的感情沙漠裡跋涉，沒有外遇，仍是戰友。生命如張愛玲那襲爬滿蚤子的華麗袍子，也像費茲傑羅的《大亨小傳》——醇酒美食的享受，焦慮煩躁的情緒，垂死的內心。

直到遇見他的第三任太太莉，再度戀愛，他才獲得重生，把他從慢性自殺的深淵裡拯救出來。他多活了十幾年，並在傳媒及出版事業上經歷第二春，但他的身心健康並未大幅好轉。莉比他年輕二十四歲，答應嫁給他，不為愛情，而是為了他倆共同的理想與目標。杜瑞爾一開始便對莉坦白，他需要娶一位「好寡婦」；而經營動物園，推動保育工作，始終是莉的夢想。但她從不想騙他；她知道他深愛自己，卻從未對他說「我愛你」——直到他臨終前。

一九九〇年赴馬達加斯加島遠征後，杜瑞爾健康狀況急轉直下，拖到一九九四年春天，進入倫敦私立醫院移植肝臟。手術雖成功，年輕時從非洲帶回來的病菌仍在他體內囂張作怪，令他腸胃停擺，高燒不斷。半年後他被保險公司拋棄，從私立醫院的單人病房，被趕到公立醫院的六人病房，護理疏忽，摔斷鎖骨。纏綿病榻十個月，最大的安慰是莉意識到她也深愛他，對他說了「我愛你」；他倆的愛情故事走到死神面前，終於有個完美的結局。一九九五年一月七日他在病榻上慶祝七十歲生日，啜飲一小口他最愛的香檳；活到七十歲是杜瑞爾的人生目標之一，他很高興。之後他曾迴光反照，但很快陷入昏迷。一月三十日，這位以動人文字與驚人行動，影響全世界，推動自然保育觀念與行動計畫的巨擘，終獲自由，告別人間。

每當我在電視或媒體上看見英國國寶艾登堡爵士，總想起杜瑞爾，繼而為個性決定命運這條鐵的定律感慨不已。大衛．艾登堡和杜瑞爾是同一個年代的人，他只比杜瑞爾晚生一年，兩人的事業有許多平行交會處；都曾跑遍世界荒遠角落蒐集和紀錄野生動物，都成為ＢＢＣ紀錄片名主持人，畢生的信念與使命感更如出一轍，都成為自然保育界的重量級代言人，因此他倆雖在事業上常是競爭對手，卻一輩子惺惺相惜。艾登堡的個性和杜瑞爾正好相反——不露鋒芒，是位淡泊平實的公務員，中庸持平地處理公事、人事、私事。若非他想拍紀錄片，急流勇退，提早退休，ＢＢＣ總臺長的位子等著他坐。沒人認為艾登堡幽默風趣、魅力無窮，但他擁有杜瑞爾欠缺的一切：高學位、美滿家庭、早早封爵、健康長壽、心境祥和。或許杜瑞爾從不羨慕艾登堡的學位與爵位，甚至願意犧牲健康與壽數，但他一直渴望幸福的家庭生活、渴望被愛的安全感；那離開童年的科孚島便可觸不可及，只能在創作中捕捉的陽光和煦；那彷彿初戀情人在詩人鮮明記憶裡回眸一笑的永恆美麗……

讀者看到這裡，若心情也開始沮喪，或許我該為撕毀杜瑞爾在您心目中的形象致歉。但我一直相信「真」，和「善」與「美」同樣重要，值得付出一切代價去追求。若不清楚英雄奮鬥的細節過程，如何總覽英雄成就的波瀾壯闊？若不懂得英雄內心的痛苦掙扎，又怎能深刻欣賞英雄的勇氣、決心與毅力呢？

唐嘉慧

二〇二〇年一月寫於英格蘭中部鹿倫郡

前言

不久前，我與妻子前往西非英屬喀麥隆境內一個山中草原上的小王國「巴福特」，並在那裡待了六個月，本書即是那場遠征的紀錄。去那裡的目的頗不尋常——我們是為了設立自己的動物園去蒐集動物。

二次世界大戰之後，我曾籌資及組織多次遠征，為不同的動物園赴世界各地蒐集野生動物。多年痛苦的經驗教會我一件事：遠征最不愉快、最令人心痛的時候，是在旅程結束那一刻；你悉心照顧餵養幾個月的動物，那時都必須離開你。你若養了一頭動物寶寶，飼育牠、保護牠，經過半年時間，與牠建立起真正的友誼，那頭動物會信賴你；更重要的是，牠在你面前的行為表現會很自然。但就在你們的關係應當開花結果的時候；當你終於取得一個特殊的優勢地位，可以開始好好研究該物種習性的時候，卻也到了你必須跟牠分開的時候。

依我看，想解決這個問題只有一個辦法：我必須擁有屬於我自己的動物園。這麼一來，當我把動物帶回國時，我已熟知該把牠們放進怎樣的籠子裡、給牠們怎樣的飲食及照顧（很不幸，有些動物園對這兩點的處理方式令人質疑）；而且我可以繼續盡情地研究牠們。當然，從我的觀點來看，這個動物園必須對外開放，變成一個自給自足的實驗室，讓我把我的動物放在裡面，持續觀察。

在我心中，設立動物園還有一個更迫切的理由。現今因為人類直接或間接的干預，世界上有太多物種每年在牠們原生的荒野中遭到緩慢、卻持續的集體屠殺；我也和許多人一樣，對此事實嚴重關切。雖然有很多令人欽佩的團體或機構已在致力解決這個問題，但我知道仍有大量的物種，只因為牠們體積小、不具備商業或觀光價值，並未受到足夠的保護。對我來說，毀滅任何一個物種都是罪過，那和毀滅任何我們無法重建或取代之物，例如一幅林布蘭的畫或是希臘的雅典衛城，罪行是一樣的。我認為，全世界所有的動物園都應該把復育珍稀或瀕危物種列為首要目標。那麼，即使某個物種果真不可避免地在野外滅絕了，至少牠不會一去不返。多年來，我心中一直夢想創建一座以此為目標的動物園，如今，時機似乎成熟了。

任何一位跟我有相同的野心、但比較理性的人，想必都會先去找一座動物園，再去蒐集動物。然而我這一輩子追求夢想的方式極少合乎邏輯，所以，我先去蒐集動物，再開始找動物園，也不足為奇。找一座動物園聽起來容易，做起來卻很困難。回想起來，當初自己為達目的一意孤行的膽量，令現在的我簡直啞口無言。

這本書是我尋覓一座動物園的故事。讀完之後，您就會了解為什麼有很長一段時間，我必須把整座動物園都揣在我的行囊裡。

一封來信

我坐在九重葛密密環繞的陽臺上，俯視蔚藍海水、波光粼粼的維多利亞灣，灣內布滿無數覆蓋森林的小島，彷彿許多被人隨意扔棄到水裡的毛皮氈帽。兩隻灰鸚鵡（Grey parrot）快速劃越天空，在璀燦晴空中互吹狼哨，挑逗地大叫「酷—咿」。一批小獨木舟像一群黑魚，在小島間不停穿梭，漁夫們的談笑聲隱約自水面上飄來；替這棟房子遮蔭的幾株高大棕櫚樹上，住了一整個族群

的織巢鳥，牠們一邊吱吱喳呼個不停，一邊忙著剝棕櫚葉，啣去編織簍子似的鳥巢；房後即是森林的邊緣，一隻捕蠶鳥（tinker-bird）正發出單調的鳴聲「咚……咚……咚……」就像有人不停在敲一把小鐵砧。我感覺汗水不斷沿著我的脊椎往下流，襯衫後面已經濕了一大片，擺在旁邊的那杯冰啤酒正在迅速變溫——我回到西非了。

一隻頭是橙色的蜥蜴剛爬上陽臺欄杆，正在猛點頭，彷彿對毒辣的陽光深表讚許。我逼自己把注意力從牠身上移開，因為我有要務在身，必須寫一封信。

致：

巴福特國王

英屬喀麥隆，巴門達區

巴福特國王王府

我停下來尋找靈感：先點燃一根菸，然後盯著自己的手指在打字機鍵盤上留下的汗跡發愣，再啜一口啤酒，皺起眉頭瞪著那封信看。這封信難寫的原因有幾個。

巴福特國王是一位既富有、又聰明、且極具魅力、位高權重的君主，他統治喀麥隆北方山區中一片廣袤的草原，不受任何政府管轄。八年前，我遠征至他的國度蒐集珍奇動物，在那裡住了幾個月。國王信奉享樂主義，善於款待賓客，為我舉辦多次精采的宴會。他過人的酒量、旺盛的精力及幽默感，每每令我驚嘆。回英國後，我寫書記述遠征西非之行，企圖描繪他精明卻又宅心仁厚的性格，和他對音樂、舞蹈、美酒以及所有能美化生活的事物的熱愛，還有他那享受生命的赤子之心。現在我想再度造訪他美麗的王國，與他重溫舊日情誼，但我心中懷著忐忑。因為那本書出版之後，我才發現或許我描繪他的方式容易遭人誤解；或許國王會認為我把他寫成一個酗酒的糟老頭，整天醉倒在成群妻妾堆裡——所以我必須寫信去探問他是否仍歡迎我；所以我才如此惴惴不安！——寫這種信簡直比寫書還痛苦。我嘆口氣，把菸按熄，開始打字：

我親愛的朋友：

你可能已經聽說，我回到喀麥隆了，打算再捉些動物帶回英國。你應該還記得，上次我來，在你的國家捉到我最棒的一批動物，而且和你一起度過一段快樂時光。

這次我帶我的妻子一起來，希望能介紹她認識你和你美麗的國家。我們去巴福特捉動物的時候可以住你家嗎？我希望能和上次一樣，住在你的休憩館裡。希望你能答應。盼望回音。

傑洛德．杜瑞爾　敬上

我把這封冗長的公文，連帶兩瓶威士忌酒，交給一位信差，並特別交代他絕不可在路上把酒偷喝掉，接下來便滿懷希望地等待。日子一天天過去，眼看我們堆積如山的行李被悶在防水油布底下微微冒煙，那隻頭是橙色的蜥蜴整天趴在油布上打瞌睡。不到一個星期，那位信差回來了，從他破爛的卡其短褲口袋裡掏出一封信。我趕緊把信封扯開，將信紙攤在桌上，和賈姬一起引頸拜讀。

一九五七年一月二十五日
巴門達，巴福特
國王王府

我的好朋友，

收到你二十三日的來信，非常歡喜。知道你已返回喀麥隆寫信給我，令我高興。我隨時等你來訪。你這次來打算跟我住多久？想住多久都可以，我沒意見。我的休憩館會為你準備好，任何時間抵達都沒問題。

請代我向你的妻子真誠問候，告訴她，等她來這裡，我會跟她好好聊一聊。

巴福特國王　敬上

第一部

途中

En Route

一封來信

此致：

馬姆費英國聯合非洲公司

動物官

最親愛的先生：

您第一次來喀麥隆時我曾經是您的客戶，幫您取得多種動物。現在我派僕人送一隻動物給您；我不知道牠叫什麼。請給我一個您覺得合理的價錢，把錢寄過來。這隻動物已在我家裡住了三個半星期。

愛您的獵人湯瑪斯・譚畢克　敬上

第一章

不情願的蟒蛇

The Reluctant Python

北上巴福特途中，我決定先在一個名叫馬姆費（Mamfe）的小城停留十天。馬姆費位於十字河最高通航點，毗連一大片杳無人跡的荒野。我曾赴喀麥隆遠征兩次，根據經驗，把該城作為蒐集動物的基地十分理想。於是我們從維多利亞灣出發，一行三輛卡車，浩浩蕩蕩；賈姬和我坐第一輛，年輕的助手鮑伯坐第二輛，我長期受苦受難的祕書蘇菲坐第三輛。一路上天氣燠熱、塵土蔽天，直到第三天，我們才在發綠的暮色中抵達馬姆費，每個人都又餓又渴，而且全身從頭到腳裹了薄薄一層紅土。之前我們接到指示，抵達後應立刻聯絡英國聯合非洲公司的經理，於是三輛卡車怒吼著開進一條私人車道，再尖叫著停在一幢燈火通明的豪宅前面。

那棟房子肯定占據了馬姆費最險要的地勢，蓋在一座圓錐形的山頂上；山的一邊即十字河穿鑿的峽谷。俯臨峽谷的花園最外緣種了一排此地隨處可見的園藝種扶桑，站在扶桑樹旁，便可鳥瞰峽谷直落一百二十公尺，下方橫亙一道高九公尺、彷彿打了許多褶子的花崗岩斷崖，崖頂歪歪斜斜長出糾葛的矮叢與高大突出的樹木，崖面覆蓋厚厚一層野秋海棠、青苔和蕨類。斷崖腳下即是大河，像一束巨大的弧狀肌肉，迂迴繞過閃閃發亮的白沙灘與排列如一根根肋骨的奇異岩板。對岸沿河邊綿延許多小塊農地，農地後方聳峙顏色及紋理繁複的森林，永無止境地向後延展，終於在遠方熱氣氤氳中變成不停悸動、模糊不清的一片泡沫綠海。

可惜我無心欣賞風景，只想趕快鑽出發燙的卡車前座，跳到地上伸展我扭曲的身體。那一刻我最強烈的渴望依序為：一杯飲料、洗個澡、吃頓飯。不過還有一件事：我亟需找個木箱子，把我們蒐集到的第一隻動物，一頭稀有的黑腿臭獴（*Bdeogale nigripes*）關進去。牠是我們停在四十公里外一個小村莊裡買水果時，我跟一名土著買的。開張大吉，一開始就得到這麼一隻寶貝，本來令我十分歡喜，可是在卡車前座跟牠纏鬥兩小時之後，我的熱情已大幅冷卻。牠一上車便想調查駕駛座附近的每一個零件及每一道縫隙，我怕牠被排檔纏住，甚至夾斷腿，只好把牠塞進襯衫裡，不准牠鑽出來。剛開始半小時，牠不停繞著我身體轉圈圈，同時大聲嗅聞。接下來半小時，好幾次牠似乎下定決心要用牠極尖的爪子在我胃部挖一個洞，等我終於說服牠打消這個念頭之後，又抓住我肚子上一塊肉，塞進嘴裡，開始充滿希望地用力吸吮，同時源源不絕流出溫暖又刺鼻的尿。想留給地方官良好的第一印象，有牠幫倒忙，難啊。就這樣，我一身臭汗、蓬頭垢面、鈕扣全部扣緊、沾滿尿漬的襯衫外面還掛出一根獴尾巴，大步踏上聯合非洲公司經理宅邸的臺階；就算不愛大驚小怪的人，可能也會覺得我這副德性有點古怪。我深深吸一口氣，盡量表現出一副若無其事的酷樣，踱進燈火輝煌的會客廳，看見三位男士圍坐折疊牌桌，正在打撲克牌。他們抬頭看我，流露少許詢問的眼神。

「晚上好，」我手足無措地說。「我是杜瑞爾。」

比起史坦利和李文斯頓在電影裡初次見面的臺詞[1]，我的自我介紹大概沒啥重量。不過，其中一位膚色黝黑、黑色長髮蓋住額頭的小個子，仍起身朝我走過來，對我迷人一笑，然後伸出手，緊緊握住我的手，似乎毫不在意我突然登門造訪和我邋遢的外表，只懇切地凝視我的臉，問道：

「晚上好！」他說。「你會不會玩凱納斯特[2]？」

「呃……恐怕不會。」我吃驚地答道。

他嘆了一口氣，彷彿心中最深的恐懼不幸成真。「可惜……真是可惜，」說罷，頭一歪，開始仔細研究我。

「你剛才說你姓什麼？」他問。

「杜瑞爾……我叫傑洛德・杜瑞爾。」

「我的老天！」他大叫一聲，顯然腦袋裡的燈泡亮了。「你就是總部警告我的那個動物狂熱分子？」

「應該是吧。」

「可是，我親愛的朋友，你不是兩天前就應該到了嗎？你跑去哪裡了？」

「原本預定兩天前抵達，可是我們僱的卡車一路上不停拋錨。」

「他媽的本地卡車沒一輛靠得住，」他對我交心，彷彿在透露一個祕密。「想喝一杯嗎？」

「哦，非常想，」我熱切答道。「我可以把其他人也叫進來嗎？他們都坐在卡車上等。」

1 指一九三九年好萊塢冒險電影《史坦利與李文斯頓》（Stanley and Livingston）中，來自英國威爾斯的記者史坦利爵士前往南非尋找失蹤的蘇格蘭傳教士李文斯頓，兩人首度相遇時的知名臺詞：「我想您就是李文斯頓爵士？」（Dr. Livingstone, I presume?）這句話帶著玩笑性質，因為李文斯頓大概是方圓百里唯一的白人了。不過後來被認為可能是杜撰的。

2 Canasta，同時用兩組牌玩的經典撲克牌遊戲。

「當然，當然！請他們全進來。我請每個人喝一杯。」

「多謝。」說完我便轉身朝大門走去。

那位主人卻拉住我的手臂，又把我扯回去。「告訴我，親愛的小夥子，」他嗓音沙啞地低聲問我，「我並不是愛挖人隱私，但我很想知道，是我喝的琴酒有問題，還是你的胃總是這樣蠕動個不停？」

「不是我的胃，」我很嚴肅地回答他。「我的襯衫裡裝了一隻獴。」

他注視我一晌，眼睛眨都沒眨一下。

「這個解釋很合理，」他終於說。

「對，」我說，「而且是真的。」

他嘆口氣說：「好吧，只要不是琴酒的問題就好，我不介意你在襯衫裡裝什麼，」他認真地說。「把其他的人也帶進來，進餐前，我們先來喝幾盅。」

就這樣，我們入侵約翰・韓德森的家，而且沒過兩天，他已成為西非海岸上最可憐的東道主人。一位注重隱私的人願意邀請四位陌生人住他家，已經夠高尚了，何況他不僅不喜歡動物、更極度不信任動物。這樣的人竟邀請四位以蒐集動物為生的人住進他家，不僅高尚，簡直是英勇。我們抵達不到二十四小時，約翰家的陽臺上已住了一隻獴，還關了一隻松鼠、一隻嬰猴和兩隻猴子。

從第一天開始，約翰必須習慣每次走出自己的大門，就有一隻半大不小的狒狒過來抱腿。我一住定，立刻放出消息，召集以前認識的當地獵人，說明我們想蒐集的動物種類。接下來必須等待一陣子，動物才會陸續出現。

一天下午，一位名叫阿古斯丁的當地獵人啪啪啪走進約翰的車道。他身上裹一條猩紅配藍的紗籠，看起來一點都沒變，仍舊衣裝整潔，態度熱切，更像一名百貨公司的專櫃人員。走在他身旁的，是一位我所見過體型最巨大的西非土著，身高至少一百八十三公分，皮膚不像阿古斯丁的金銅色，而是最深最深的煤炭黑色。這位巨人臉色陰沉，腳步緩慢沉重（那兩隻腳如此巨大，乍看之下我還以為他患了象皮病），兩人在陽臺臺階前停步。阿古斯丁眉開眼笑，他的同伴卻虎瞪著我們，一副心事重重的模樣，彷彿在估計我們身上有幾斤肉可以吃似的。

「早安，先生。」阿古斯丁把綁在他腰上的鮮麗紗籠挪一挪，找到他細腰細臀上最穩當的部位。

「早安，先生。」巨人跟著複誦，聲音緩慢而嚴肅，聽起來像遠方傳來的悶雷。

「早安……你帶牛肉[3]來了？」他們手上雖沒提動物，我仍懷抱著希望。

「沒有，先生，」阿古斯丁悲傷地說，「我們沒有牛肉。我們來請先生去借我們繩子。」

「繩子？你們要繩子做什麼？」

「我們找到大蚺，先生，在林子裡。可是沒有繩子我們捉不到，先生。」

專門研究爬蟲類的鮑伯驟然坐直。

「大蚺？」鮑伯極度興奮地問。「他說什麼……蚺？」

「他們指的是蟒蛇（python），」我解釋。從博物學的觀點來看，皮欽式英語最令人困惑之處，即動物名稱亂套。蟒變蚺、豹變虎……只見鮑伯眼睛裡閃爍起狂熱分子的光芒；自南安普敦上船之後，跟他聊天幾乎轉不出蟒蛇這個話題，我知道此行若蒐集不到蟒蛇，他不會滿意的。

「蛇在哪裡？」他問。顫抖的聲音掩蓋不住那股迫不及待。

「牠躲去林子那邊，」阿古斯丁揮揮膀子，把大約一千平方公里的森林劃入範圍。「牠躲進地下一個洞那邊。」

「吶，很大隻？」我問。

「哇！大？」阿古斯丁驚叫。「牠太大太大！」

「牠這麼大！」巨人用力拍自己的大腿一下。他的大腿簡直跟整塊牛肋一般大。

「我們早上時間就走去林子，先生，」阿古斯丁向我解釋。「然後我們看見這隻大蚺。我們跑快快，可是沒運氣，抓不到。那隻蛇太強壯太強壯。牠跑進去地下一個洞，我們沒有繩子，所以抓不到。」

「你找人看守這個洞了？」我問。「這隻大蚺不會跑去林子裡？」

「是，先生，我們留兩個人去那邊。」

我轉身對鮑伯說：「好啦，你的機會來了，一條野生蟒蛇困在洞穴裡，想不想去試試身手？」

3 杜瑞爾上一次遠征巴福特採集動物時，順應巴福特人的習慣，將捕捉到的動物都稱作「牛肉」（beef）。詳見《小獵犬隊探險記》。

「天啊，當然想！我們現在就去抓牠，」鮑伯大叫。

我轉身對阿古斯丁說：「我們去看這條蛇好嗎，阿古斯丁？」

「是，先生！」

「你去等一下，我們先去找繩子和捕網。」

鮑伯聽完，立刻奔去堆積成山的裝備堆裡找繩和網。我先裝滿幾瓶水，再去找專門照顧動物的男孩班，發現他蹲在後門外正在跟一位身材豐滿的姑娘調情。

「班，別去煩那位可憐的小女孩，趕快去準備一下，跟我們去林子裡抓大蚺。」

「是，先生！」班很不情願地離開他的女朋友。「大蚺在哪邊，先生？」

「阿古斯丁說牠躲進一個地洞裡了，所以我才要你去。那個洞如果很小，戈爾定先生和我鑽不進去，那你就必須鑽進去抓大蚺。」

「我，先生？」班問。

「對，就你一個人！」

「好吧，」班豁達地咧咧嘴。「我不怕，先生！」

「你撒謊，」我說。「我們都知道你很怕！」

「我真的不怕，先生！」班極有尊嚴地說。「我從來沒告訴先生我殺死叢林牛那一次？」

「有，你講兩次了，但我還是不信。你現在趕快去找戈爾定先生，幫他拿繩子和捕網。快去！」

想去那獵物躲藏的地方，必須先下山，坐渡船過河。渡船是一艘極大的獨木舟，形狀像根香蕉，看起來彷彿三百年前就造好了，然後隨著歲月流轉緩緩腐爛。搖槳的船伕是一位年紀非常老、看起來隨時都可能心臟病發作的老人，他身邊總陪伴一位小男孩，小男孩專門負責舀水；那是一件取勝無望、必敗無疑的工作。因為小男孩只有一只生鏽的小錫罐，而獨木舟兩側的防水效果卻形同濾盆，所以每次抵達彼岸時，乘客都坐在十五公分深的水裡。我們一行人攜帶工具來到碼頭，即花崗岩斷崖遭水磨蝕的石階，卻發現渡船泊在對岸，於是班、阿古斯丁和那位非洲巨人——我們決定替他取名為「高康大」[4]——一起扯高嗓門對老船伕大吼，請他火速划回來。鮑伯和我找

---

4 Gargantua，文藝復興時期法國文學名著《巨人傳》裡的巨人主角。

片樹蔭，蹲下來看馬姆費當地群眾在褐色的河水裡洗澡和洗所有東西。

好幾群小男孩聚集在懸崖突石上，一邊尖叫、一邊劈里啪啦往水裡跳，再紛紛射出水面，手掌和腳掌泛著珍珠粉紅的光澤，身體卻像拋光巧克力做的；女孩們比較保守，圍著紗籠下河洗澡，可是一旦從水裡冒出來，紗籠布卻緊緊巴在身上，曲線畢露，不留一點想像空間。還有一個不超過五、六歲的小男孩，頭頂一只巨大水罐，小心翼翼走下懸崖，因為聚精會神，舌頭還不自覺伸出來。他走到水邊，並未像別人停下腳步把水罐拿下，或是脫掉紗籠，而是筆直走進河裡，毅然決然地、一步一腳印地涉入水中，直到整個人完全沒頂，只剩下那只水罐仍神祕地在水面上移動，最後水罐也沉下去。半晌過後，水罐再度浮現，但這一次是往岸邊移動；接著小男孩的頭也終於在水罐底下冒出來了。他立刻用力噴鼻子，發出極大的聲響，將肺中空氣噴出，然後帶著破釜沉舟的表情，頂著滿滿一罐水走回岸上。上岸之後，他極小心地把水罐移到崖邊一塊突起的石頭上，再轉身走回水中，身上仍圍著紗籠。他從紗籠神祕的皺褶中掏出一小片煤酚藥皂，開始均勻且公平地將藥皂抹在自己的身上及紗籠上，等到全身都擦出肥皂泡泡之後，整個人看起來就像個會動的粉紅色雪人。粉紅雪人潛下水，把泡泡洗乾淨，走回岸上，再把水罐頂回頭上，緩緩爬上懸崖，然後就消失了。這個小男孩實在應該當選在非洲應用碼錶時間研究法（以最少動作，發揮最大工作時效）[5]的楷模。

此時渡船已返回，班和阿古斯丁卻與年邁的船伕展開激烈的爭論。他們要求再往上游划約一公里，在一片沙洲上登岸，而非直線過河，這麼一來，我們可以少走兩公里多的路，提前抵達進入森林的步道頭。老船伕卻執意不肯。

「他有什麼問題，班？」我問。

「吶！他是笨人，先生，」班氣極敗壞地轉過來對我說，「他不同意帶我們去上游。」

「為什麼你不同意，我的朋友？」我問那老人。「如果你去帶我們，我去付你很多錢；我去多給你東西！」

「先生！」老先生堅決地說，「這是我的船，如果我去丟了它，我就不能再去找

5 碼錶時間研究法於十九世紀末由美國工程師腓德烈・泰勒發明，主要用於測量時間及提升工作效率。

錢……我不能替我的肚子找肉……我一個一分錢都賺不到！」

「可是你怎麼會去丟船呢？」我驚訝地問他，因為我知道這一段河道既無急湍，也無暗流。

「伊婆婆（Ipopo），先生！」老人解釋。

我瞪著眼前這位船伕，不知道他在胡言亂語些什麼。難道有一種符咒或神物叫做伊婆婆？

「這伊婆婆，」我安撫他，「她住哪一邊？」

「哇！先生從來沒看過牠們？」老先生驚訝地問我。「牠在靠近地方官家附近的水裡……牠像引擎船一樣大……牠會大吼……牠力氣太大太大。」

「他在說什麼啊？」鮑伯一臉疑惑地問。

突然間，我靈光一閃。「他在講住在地方官宅邸下面那段河裡的一群河馬（hippo）」，我解釋，「但這個說法太新鮮了，我一時轉不過來。」

「他認為那群河馬很危險嗎？」

「顯然是。我搞不懂，上次我住這裡，牠們看起來很溫和。」

「希望牠們仍然很溫和。」鮑伯說。

我回頭對老船伕說：「聽著，我的朋友。如果你帶我去上游，我去付你六先令，而且我去多給你香菸，欸？如果伊婆婆撞壞你的船，我去付錢買新船，你聽見了嗎？」

「我聽見了，先生。」

「你同意？」

「我同意，先生。」老人嘴上這麼說，但顯然他心中的貪婪還在與謹慎交戰。我們一夥人上了獨木舟，蹲進一公分深的水裡，緩緩往上游划過去。

「我看河馬不可能很危險的。」鮑伯漫不經心地表示，同時漫不經心地用手劃過河面。

「我上次住這裡的時候，經常跑到距離牠們不到十公尺的地方替牠們拍照，」我說。

「伊婆婆現在頭殼變硬了，先生！」班直截了當地說。「過去兩個月，牠們殺死三個男人，撞壞兩條船。」

「謝謝你告訴我們這麼令人心安的消息。」鮑伯說。

前方的褐色水面多處遭岩石切割成塊。那排岩石平常看起來只是石頭，此時卻像一個個河馬的頭，狡猾又瘋狂地躲在黝黑的水裡等待我們靠近。班大概記起他挑戰叢林牛的故事，試圖吹口哨，可惜吹得有氣無力，而且我注意到他一直緊張兮兮地掃瞄前方水面。畢竟，一頭習慣攻擊獨木舟的河馬，就像一頭食人老虎，上了癮，專門喜歡攻擊人類，甚至當作消遣。我可不想在六公尺深的渾濁河水裡跟重達半公噸、有虐待狂的河馬玩遊戲。

我又注意到老船伕一直緊靠河岸划行，

不斷扭轉船頭，以確保獨木舟待在淺水區內。岸邊的斷崖雖然陡峭，但若碰到緊急狀況，可供攀爬的石階很多。岩石的結構一層層鋪開，呈不規則狀散開，上面覆蓋綠色植物。而且生長在崖頂的樹木枝幹紛紛垂掛水面上，獨木舟向前滑行，有點像一條魚在樹蔭形成的甬道裡向前跳躍。不時有隻魚狗受到驚動，彷彿一顆璀燦的藍色流星劃過船頭；或見一隻黑喉肉垂麥雞（black-and-white wattled plover），霍然振翅朝上游飛去，雙腳拖在水面上，兀自痴痴傻笑，鮮黃色的兩片長肉垂在鳥喙兩邊不停拍打，那模樣的確可笑。

我們逐漸繞出河彎，一片白沙洲橫躺在前方約三百公尺的河對岸，細浪舔舐著它的邊緣，老船伕如釋重負低哼一聲，划槳的速度突然加快許多。

「快到囉，」我開心地說，「而且一頭河馬都沒看見。」

話還沒說完，前方距離我們不到五公尺的一塊石頭突然從水裡往上冒，再長出兩隻圓鼓鼓的眼睛，十分驚訝地瞪著我們瞧，還像一頭迷你鯨魚，噴出兩道極細的水柱。

幸好，我英勇的工作小隊沒有集體跳船、游向河岸。老船伕猛吸一口氣，發出

「嘶」的一聲，將槳用力往水裡一插，獨木舟猛然往上挺，在水中激出許多柱漩渦和一大片氣泡，戛然停止。我們坐在獨木舟裡盯河馬，河馬坐在水裡盯我們；一張粉紅色發灰的肥臉浮在水面上，彷彿降神會上受召喚而來的沒有身體的頭顱。河馬瞪著我們看的大眼睛流露出嬰兒看人的純真，兩隻耳朵不停搧動，彷彿在向我們揮手打招呼，然後牠深深嘆一口氣，朝我們挪近一公尺，眼神仍顯得如此純真無邪。冷不防地，阿古斯丁厲聲吶喊，把其他人全嚇得跳起來，差點沒把獨木舟給震翻。大家生氣地噓阿古斯丁，河馬卻毫不害臊，繼續研究我們。

「你不可怕！」阿古斯丁大叫，「吶，你是母的！」

他把老船伕緊抓在手中的槳搶過去，開始用槳葉猛拍水面，擊出一團水花。河馬張大嘴巴打了一個呵欠，展示一排你若不親眼看見、絕對無法想像的大長牙。說時遲、那時快，那顆巨大的頭顱在沒有牽動任何一條肌肉的情況下，倏地沉入水底。接下來是短暫的靜寂，但每個人都覺得那頭野獸已來到獨木舟正下方的水底。半晌後，那顆河馬頭再度浮出水面，但這一次已往上游移了二十公尺左右，大家才鬆一口氣。河馬噴噴鼻息，噴出更多水霧，誘人地搧搧耳朵，又沉入水中。之後牠只短暫浮現片刻，並繼續朝上游的方向移動。老船伕嘟囔幾聲，取回阿古斯丁手裡的槳。

「阿古斯丁，剛才你幹嘛做那件蠢事？」我質問，暗自希望自己的聲音沒發抖，而且頗具權威。

「先生，那隻伊婆婆不是公的……吶，是母的！」阿古斯丁解釋。我對他缺乏信心顯然傷了他的自尊心。

「你怎麼知道？」我問。

「先生，這水裡所有的伊婆婆我都知道，」他解釋，「吶，這隻是母的。公的伊婆婆，它去一口咬死我們，可是這隻母的頭不像它丈夫這麼壯。」

「感謝上帝創造女性！」我對鮑伯說。老船伕的雙臂此刻彷彿通了電流，獨木舟呈斜線飛快橫越河道，衝上沙洲，撞起一堆小碎石。我們卸下工具，請老船伕在此等候，向蟒蛇洞出發。

步道先經過幾片早已被土著開發的農田，被砍倒的巨樹全橫躺在地上呈半腐爛狀。腐木之間的平地以前種過木薯，也收成過，目前正在休耕，於是森林覆地植物，如荊棘、旋花屬及各種蔓藤植物，便長驅直入，像一大塊披風覆蓋整片空地；這類棄置的農地正是許多動物理想的棲地。我們奮力穿越糾葛的矮叢，驚動了許多鳥——美麗嬌小的藍鳳頭鶲（flycatcher）在空中盤旋，粉藍的羽色在綠色背景襯托下顯得特別耀眼；旋花植物密密纏繞的粗樹椿上，歌鴝（robin-chat）在陰暗的凹洞裡快活跳躍找蚱蜢吃，像極了英國的知更鳥；一隻非洲白頸鴉（pied crow）倏地從前方地面起飛，一邊沉重地拍擊翅膀，一邊發出粗啞的警告鳴聲；無數巨大的藍色木蜂，在一堆覆滿粉紅花朵的荊棘叢裡嗡嗡穿梭；一隻利邦鶇（*Kurrichane thrush*）為我們獻唱一段飛瀑濺珠的甜美歌曲。步道在及腰的溼熱矮叢中迂迴好長一段距離，突然便抵達盡頭，銜接一大片在熱氳中悸動的金色草原。

這種草原看起來雖美，若想徒步穿越卻十分艱苦。草葉粗硬銳利，而且根部長成一堆一堆的，彷彿是專為絆倒路人而設下的陷阱。大片灰岩不時暴露在外，表面嵌滿數以百萬計的雲母碎粒，在烈日下熠熠生輝，刺人眼睛。太陽燒灼你的頸子，照到岩石上所反射的光與熱再猛轟你的臉，感覺就像站在煉鐵的高爐前面。我們在這一大片被太陽烘烤的廣闊草原上跋涉，每個人都汗如雨下。

「該死的爬蟲！牠怎麼不找個有樹蔭的地方躲！」我對鮑伯說，「這些石頭燙得可以煎蛋了！」

一直走在最前面的阿古斯丁，身上圍的紗籠因為吸附大量汗水，已經從猩紅色變成酒紅色。他轉身對我咧嘴笑，臉上沾滿汗珠，皮膚變得斑斑駁駁。

「先生熱？」他擔心地詢問。

「對，太熱太熱，」我答道。「這地方還很遠？」

「不，先生！」他指指前方，「那邊……先生沒看見我留下看守的人？」

我順著他的指尖往前看。遠方有一片隆起的岩層，看似一堆凌亂的被褥，可能是古老火山運動後的結果，如今形成一道迷你斷崖，斜跨草原。我還看見在岩石頂端，有兩名獵人耐心地蹲在大太陽底下。看到我們之後，兩人立刻站起來揮舞看起來極恐怖的長矛，跟我們打招呼。

「牠還在洞裡？」阿古斯丁焦急大喊問道。

「牠還在！」兩名獵人回吼。

一抵達小斷崖底部，我立刻明白為什麼那條蟒蛇要選擇那個地點做困獸之鬥。岩石表面龜裂成一系列的淺穴，經風雨長久侵蝕，內部平滑，且互通聲息。所有洞穴都朝斷崖頂端略略傾斜，所以住在洞裡的動物雨季裡也不必擔心被淹死。每一個洞口都差不多大，寬約二・五公尺、高度不及一公尺，蛇可以自由進出，別的動物卻嫌窄小。兩名獵人有先見之明，已將周圍的草都點火燒了，本想將那條蛇熏出洞，結果蛇完全不受影響，我們卻得穿越厚厚一層及踝的焦碳，以及漫天飛揚、如羽毛般的煙灰。

鮑伯和我先肩並肩、肚子貼地匍匐爬進洞穴，一來想看看那條蟒蛇藏在哪裡；二來勘察地形，研究對策。我們很快發現進洞才一公尺左右，洞穴即變窄，只容得下一個人，而且還得盡可能全身貼在地上。外面的陽光亮得扎眼，突然進洞，感覺分外黑暗，

什麼都看不見，唯一可以證明蛇的確躲在裡面的，是我們每挪動一下，便聽見一陣暴躁的嘶嘶聲。我們高聲要外面的人送一只手電筒進來。等他們找出手電筒並遞進來之後，我們用手電筒的光束往狹窄的洞穴最深處照進去。

洞的盡頭是個圓形的凹穴，距離我們還有二．五公尺，那條蟒蛇[6]就盤蜷在凹穴裡，蛇身在手電筒光照射下閃閃發光，彷彿剛剛擦拭過似的。據我們估計，牠身長大概有四、五公尺，身體非常肥大，高康大用自己的大腿來比喻，其實很恰當。而且此刻牠脾氣壞到了極點，手電筒光愈對準牠照，牠發出的嘶嘶聲就拉得愈長、變得愈尖銳，最後簡直像怪物在尖叫。我倆倒退著爬出洞口，在陽光下坐起身，因為厚厚一層煙灰沾在汗濕的身上，兩個人都變得和身旁的獵人一樣顏色了。

「用套索套上牠脖子，然後我們倆一起用力，使勁把牠扯出來。」鮑伯說。

「對！問題是怎麼把套索套上牠脖子？而且萬一牠被套住後突然決定往外竄，我可不想被卡在洞裡，擋住牠出路。洞裡根本沒有活動餘地，萬一被牠纏住，再多人也

6 審訂注：非洲能長到那麼大體型、同時從插圖可得知這條蟒蛇是非洲岩蟒（*Python sebae*）。

幫不了你。」

「嗯，你說的有理。」鮑伯承認。

「只有一個辦法，」我說。「阿古斯丁，快快，去幫我砍一根叉棍……大根的哦……聽見了嗎？」

「是，先生！」阿古斯丁抽出他的寬刃開山刀，朝三百公尺外的森林邊緣走過去。

「你一定要記得，」我警告鮑伯，「如果我們真把牠扯出來，你別指望那些獵人幫忙。喀麥隆的人都堅信蟒蛇有毒，他們不但認為被蟒蛇咬到會致命，還認為牠尾巴下面的兩根殘肢[7]也有毒。所以如果我們真的把牠扯出來，只抓牠的頭沒用，別指望獵人會幫我們抓住牠的尾巴。我們倆必須一人抓頭，一人抓尾巴，然後祈禱中段別跟我們過不去！」

「你這麼說讓我安心極了。」鮑伯咂咂嘴，陷入沉思。

阿古斯丁不一會兒便回來了，扛著一根又長又直、末端分叉的小樹。我在分叉的末端綁上一段打了活結的細繩索——贊助商保證這種繩索可承受一萬五千公斤的重量，再將繩索拉出約十五公尺長，把剩下的一捲全交給阿古斯丁。

「現在我進去洞裡，我去試試把這根繩子套上它脖子，欸？如果套住了，我去大吼！所有的獵人一齊去用力拉。你聽見了嗎？」

「我聽見了，先生！」

「我要是真的開始扯繩索，」我一邊對鮑伯說，一邊小心翼翼往厚厚一層煙灰裡趴下去，「千萬別讓他們一下子扯得太猛……我可不希望那該死的東西被扯到我身上。」

我慢慢往洞裡爬進去，一手抓小樹，一手抓繩索，嘴裡啣著手電筒。蟒蛇繼續凶猛地嘶嘶叫，狠勁有增無減。接下來，執行精細動作的時刻到了：我必須把小樹往前伸到自己頭前方，再把掛在小樹末端的活結套入蛇的頭部。我很快發現若手電筒還含在嘴裡，就根本辦不到，因為只要我輕輕一動，手電筒光束就會到處亂晃、亂照，但就是照不到我想照的地方。於是我把手電筒放在地上，用塊石頭撐起來，將光束對準蛇，再戰戰兢兢地將小樹一寸一寸地移向那隻爬蟲。蟒蛇早已緊緊盤成一堆，而且把

7 spur，部分原始蛇類仍保有的退化骨盆，呈略彎曲的小爪子模樣。

頭藏在最中間，所以當我把小樹移到牠前面，還必須逼牠把頭伸出來。唯一的辦法，便是用小樹末端用力戳牠。

戳第一下之後，閃亮盤繞的蛇身彷彿因為憤怒頓時膨脹變大，同時傳出一陣嘶嘶叫聲，聽起來如此尖厲刺耳、如此惡毒，害我差一點鬆手把那根小樹都丟了。我用汗濕的手把小樹幹再抓緊一點，再戳一下，大蟒又朝我厲聲尖叫，吐出一大口惡氣。我一直戳了牠五下，才達到目的。大蟒的頭倏地從盤蜷的身體裡冒出來，往小樹末端射過去，巨口噴張，在手電筒光照耀下閃爍粉紅色的光芒。可惜牠的動作太快，如電光火石，我根本沒機會用活結套住牠的頭。大蟒發動攻擊三次，每一次我想套住牠的嘗試都失敗。最大的困難在於我距離牠太遠，無法貼近；我的手臂必須完全撐直，加上小樹的重量，令我的動作十分笨拙。最後，我全身淌汗、臂膀痠痛地爬出洞口，回到陽光下。

「沒用！」我對鮑伯說。「牠把頭藏在盤蜷的身體裡，只有發動攻擊的時候才彈出來……根本沒機會套。」

「讓我試試看，」他急切地說。

他把小樹一把抓過去，爬進洞裡。我們在外面等了老半天，只看見他兩隻大腳在洞口蹬啊撓的，拚命想找著力點。終於，他出洞了，嘴裡劈里啪啦髒話罵個不停。

「沒用！」他說。「用這根絕對套不住牠。」

「如果他們去找一根像牧羊杖帶勾的木棍，你覺得你可以勾住大蟒的身體，把牠拖出洞嗎？」我問。

「應該可以吧，」鮑伯說，「或者至少可以逼牠把身體散開，我們才有機會套牠的頭。」

於是阿古斯丁再度啣命趕赴森林去找符合我們需要的木棍。結果他很快便拖著一根長六公尺、末端呈魚鈎狀突出的大樹枝返回。

「你跟我一起爬進去，拿手電筒幫我往洞裡照，應該會有幫助，」鮑伯說。「剛才我把手電筒放在地上，每動一下都會把它震倒。」

說罷，我們倆一起爬進去，趴在地上，肩並肩卡在洞裡，動彈不得。我拿手電筒往洞穴深處照，鮑伯慢慢一寸一寸地把那根巨大的鈎子朝大蟒伸過去。為了不想無謂地驚動那條蛇，他動作極慢地將鈎移到大蟒盤住的身體最上方，定位之後，再挪動自己的身體，找一個最舒適的位置和姿勢，然後使盡全身的力氣，用力往後拽。

結果立竿見影，但造成大混亂。大蟒的整個身體在經過片刻抗爭之後，出乎意料地在瞬間朝我們滑行過來，鮑伯極端興奮地倒退往後爬（因此把我們倆卡得更緊），同時再用力拽一下。大蟒朝我們又滑近一些，身體開始散開，鮑伯再拽一下，大蟒的身體散得更開，頭和頸子突然冒出來，朝我們彈射過來。我們倆像兩尾過肥的沙丁魚，塞在過小的罐頭裡，除了往後退，毫無伸展餘地，只好肚皮貼地盡快往後滑。幸好，我們終於退到稍微寬一點的地方，可以稍稍活動手腳。鮑伯緊緊抓住樹枝，死命往後扯，我突然覺得他看起來就像一隻瘦伶伶的烏鶇，毅然決然地想把一條超級肥大的蚯蚓從土裡扯出來。這時大蟒滑進我們的視線內，發狂似地嘶嘶猛叫，奮力想把被鈎住的身體掙脫出來，因為肌肉收縮，全身不斷顫抖。再拽一下，我在心裡估量，鮑伯就可以把大蟒拖到洞口；我盡快爬出洞。

「拿繩子來！」我對那群獵人大吼，「快！……快！……繩子！」

獵人們跳起來去拿繩子。鮑伯退到洞口，一骨碌站起來，倒退幾步，準備使勁再拽最後一次把大蟒拉出洞外，我們便可撲到牠身上。可惜，他向後退的時候，踩到一塊鬆動的石頭，石頭一扭，鮑伯往後摔了個四腳朝天，手一鬆，樹枝彈了出去，大蟒奮力一掙，身體從鈎中掙開，彷彿水浸濕吸水紙那般迅速流暢地滑進岩壁裡一道看起來連隻老鼠都擠不進去的罅隙內。就在大蟒最後一公尺的身體也將消失在地心內，鮑伯和我撲過去，死命抓住。大蟒奮力想掙開緊抓住牠尾巴的四隻手，蛇身上強而有力的肌肉在我們手裡細細波動著，平滑的鱗片一寸一寸慢慢從我們汗濕的手裡溜出去。頃刻間，大蟒已完全消失了；只聽見一陣勝利的嘶嘶聲，從岩石內部傳出來。

鮑伯和我雙雙跌坐地上猛喘大氣，虎瞪著對方，一句話也說不出來。兩人全身沾滿黏乎乎的煙灰與碳屑，手臂和腿刮得血肉模糊，衣服全被黑色的汗水浸透了。

「吶！它跑了，先生！」阿古斯丁似乎特別懂得替顯而易見的事實加注腳，在傷口上抹鹽。

「那蛇牠力氣太大太大。」高康大也表情陰鬱地發表感想。

「沒有人能在洞裡抓住那蛇。」阿古斯丁企圖安慰我們。

「牠力量太大太大，」高康大緩慢嚴肅地重複。「牠力量比人大！」

我默默遞給每個人一根菸，大家蹲在煙灰堆裡抽將起來。

「好啦！」我終於豁達地表示，「我們都盡力了，希望下一次運氣好些。」鮑伯卻拒絕接受安慰。夢想中的蟒蛇眼看即將到手，居然丟了，這打擊太大，幾乎令他無法承受。他不來幫忙收拾網子和繩索，獨自在一旁踱方步，表情凶狠地自言自語；回家時一路落後，兀自生悶氣。

歸途上夕陽已低垂，待我們一行人穿越草原，進入棄置的農田，整個世界已籠罩在一片沁綠的暮色中。潮溼的矮叢裡到處可見不會飛、一節一節巨大的螢火蟲幼蟲，彷彿無數的藍寶石在閃閃爍爍；會飛的螢火蟲也成群在溫暖的空氣裡飄動，像粉紅色的珍珠在黝黑的矮叢前悸動。空氣裡滿溢黃昏的氣味：木頭香、濕泥香、已沾滿露珠的花朵甜甜的香。一隻貓頭鷹在叫，顫抖的聲音顯得如此蒼老；然後另一隻回應了。

河流像一片在暮色裡移動的黃銅，我們喀喀踩著沙石，穿越奶白色的沙洲。老船伕和小男孩一起蜷在獨木舟船首睡著了。我們可以看見山頂上大房子輝煌的燈火，隱約聽見留聲機放唱片的樂聲，與划槳的唰唰聲和咕嚕咕嚕的攪水聲混成一片。一群小白蛾圍繞獨木舟的船首飄盪，追隨我們去彼岸。月亮緩緩從身後那片森林掐絲似的林冠剪影中冒出來，顯得如此消瘦、孱弱。兩隻貓頭鷹又叫了，淒涼地、無限渴望地在朦朧的樹影中呼喚對方。

一封來信

此致：杜瑞爾先生
聯合非洲公司動物部門
馬姆費

親愛的先生：

現在捎給你兩隻動物，牠們和你給我看的照片裡的動物長得一樣。隨便給我多少錢都可以，請用一張小紙把錢包好，交給帶動物給你的男孩。你知道獵人永遠很髒，所以你應該給我一塊肥皂。

祝 安好

彼得・南馬彭

第二章

禿頭鳥

The Bald-headed Birds

過十字河到對岸，再穿越濃密的森林走十三公里，有個名叫伊休比（Eshobi）的小村莊。我很熟悉那個地方和那裡的居民，因為上一次遠征西非，我選擇以伊休比作為基地，還住上了幾個月。那個地區是個好獵場，伊休比的村民也是優秀的獵人，因此我抵達馬姆費之後，便想盡快與伊休比村民聯絡，希望他們能提供我一些動物樣種。在非洲，打聽消息或傳遞訊息的最佳地點是當地的市場，我召來菲力蒲，我們的廚子，請他代勞。菲力蒲是個討人喜歡的傢伙，成天咧嘴笑，露出一口暴牙；他喜歡像軍人一樣抬頭挺胸邁大步走路，還會立正站好聽你講話，給人一種受過軍事訓練的印象，實際上卻沒那回事兒。菲力蒲咚咚咚大踏步走上陽臺，然後像名警衛似地在我面前立正站好。

「菲力蒲，我想找一位住伊休比的人，你聽見了嗎？」我說。

「是，先生！」

「下次你去市場的時候，幫我找一位伊休比人，然後去把他帶來這裡，然後我去給他書，帶回伊休比，欸？」

「是，先生！」

「你不會去忘記吧，欸？你去幫我找一位伊休比人哦？快快！」

「是，先生！」菲力蒲說罷，又咚咚咚大踏步走回廚房；菲力蒲從來不浪費時間閒扯淡。

兩天過去，沒有伊休比人露臉。我整天忙，把這件事忘了。四天之後，菲力蒲咚咚大踏步走上車道，一臉凱旋歸來的表情，身後跟著一位約十四歲的小男孩，一副快嚇破膽的模樣。小男孩來馬姆費這個大都會，想必穿上他最體面的一套衣服，看起來的確迷人：一條破爛的卡其短褲，一件用布袋改成、已經變得非常骯髒的白襯衫，背後還印著一行富裝飾性又神祕的藍色信息——「GR農產品」，頭上再戴一頂已變成淡銀綠色的破舊草帽。這個不情願出現的幻影，被捉拿他的人，即菲力蒲，強行帶上前陽臺。菲力蒲洋洋得意地在他旁邊立正站好，彷彿練習變戲法練了很久，終於成功變出一個很難變的東西。菲力蒲講話的方式有點怪，我花了很長一段時間才習慣，因為他講皮欽式英語的速度特別快，而且像是在咆哮卻被摀住嘴巴，所發出的聲音介於低音管演奏與軍隊裡的士官長訓話之間。他似乎認為世界上所有人都是聾子；他愈激動，講話就變得愈吃力，而且愈難懂。

「這人是誰？」我打量那個年輕人，問菲力蒲。

菲力蒲一副受傷害的表情。「吶，是這個男人，先生！」他咆哮，彷彿在對一個特別蠢的小孩解釋一件事情，然後轉頭慈愛地凝視他的徒弟，一巴掌打在那可憐男孩的背上，差點沒把男孩推到陽臺底下。

「我看得出來他是個男的，」我耐著性子說。「可是他來這裡幹嘛呢？」

菲力蒲凶狠地對那怕得發抖的年輕人皺起眉頭，又朝男孩背後兩片肩胛骨中央用力拍一掌。

「說話！」他大吼，「你說話！先生在等！」

我們都充滿期待地等著。小男孩先搓搓腳掌，極度尷尬地把每根腳趾頭都扭一扭，然後流著口涎、害羞地微微一笑，低頭看地上；我們繼續耐著性子等。等了半晌，男孩冷不防抬起頭，把頭上的草帽摘下，低頭一鞠躬，用像蚊子叫的聲音說：

「早安，先生！」

菲力蒲眉開眼笑看我一眼，彷彿男孩打這聲招呼足以說明一切。我的廚子在盤問嫌疑犯這方面，顯然天分不夠、缺乏技巧，我決定自己來。

「我的朋友，」我說，「他們叫你什麼？」

「彼得，先生！」男孩一臉苦相地回答。

「他們叫他彼得，先生！」菲力蒲大吼，深怕我沒聽清楚。

「好，彼得，你為什麼來見我？」我問。

「先生，這個男人你的廚子告訴我先生要找人帶書去伊休比。」男孩委曲地說。

「啊，你住伊休比！」我腦袋裡的燈泡亮了。

「是，先生！」

「菲力蒲，」我說，「你真是個天才白痴。」

「是，先生！」菲力蒲對僱主突然不請自來的讚美非常滿意，至表同意。

「你剛才為什麼不告訴我他是伊休比人？」

「哇！」菲力蒲倒抽一口氣，士官長的靈魂大受打擊。「可是我告訴先生是這個男人！」

菲力蒲無可救藥，我不跟他多費唇舌，轉頭對男孩說：「聽著，我的朋友，你認得住在伊休比大家叫他伊萊亞斯的那個人嗎？」

「是，先生！我認得。」

「好。你現在去告訴伊萊亞斯我回喀麥隆來抓牛肉了，欸？你告訴他我要他再替我當獵人，欸？你去告訴他，來馬姆費跟我說話。你去告訴他，就說，這位先生住在聯合非洲公司的長官家裡，你聽見了嗎？」

「我聽見了，先生！」

「好。那你去快快走路回伊休比，告訴伊萊亞斯，欸？我去給你這些香菸，你走路進叢林就會很快樂。」

他捧起雙掌，接過一包香菸，低頭一鞠躬，對我開心一笑。

「謝謝先生！」他說。

「沒事……現在就去伊休比吧。好走！」

「謝謝先生！」他再謝一次，把那包香菸塞進他反傳統的襯衫口袋裡，小跑步下了車道。

二十四小時之後，伊萊亞斯出現。上次我駐紮伊休比期間，他是我長期僱用的獵人之一，能再看見他那肥胖的身軀搖搖擺擺走進車道，我非常高興。一見到我，他那神似爪哇人的臉便裂成一道巨大的笑容。熱烈招呼之後，他表情嚴肅地遞給我用香蕉葉仔細包裹的一打蛋，我回送他一條香菸和一把特別從英國帶來的獵刀，接著才開始談正事，交換有關牛肉的情報。他先敘述在我消失的八年期間，他所捕到與獵到的每一頭牛肉，然後逐一報告我認識的那群獵人的近況：老南阿哥被一頭非洲森林水牛（*Syncerus nanus*）牴死了；安德瑞恩被一頭水裡的牛肉咬到腳；山繆爾的獵槍走火，把他一根手臂轟掉一大截（這事被大家取笑了很久）；還有，約翰最近殺了一頭人們看過最大的叢林豬（bush pig），賣肉的錢超過兩英鎊！然後，伊萊亞斯話鋒一轉，我立刻豎尖耳朵、目不轉睛地聽。

「先生記得你喜歡太多太多的那種鳥嗎？」他嗓音沙啞地問我。

「哪種鳥，伊萊亞斯？」

「那種頭上沒鬚鬚的鳥。上次先生住馬姆費，我帶來兩隻那種鳥。」

「那種用很多土蓋房子的鳥？頭是紅色的那種？」我興奮地問。

「是，就是那種。」他點頭。

「早先我聽先生回喀麥隆，我就去林子裡找那種鳥，」伊萊亞斯解釋。「我記得先生喜歡那種鳥太多太多。我看啊看，在林子裡看了兩、三天。」

他突然停頓，盯著我瞧，眼睛發光。

「結果呢？」

「我找到牠了，先生！」他咧起大嘴笑。

「你找到了？」我簡直不敢相信自己的運氣。「在哪邊找到……牠住哪邊……你看到幾隻……是怎樣的地方……？」

「牠住那邊，」伊萊亞斯打斷我連珠砲似的問題，「一個有大大石頭的地方。牠住山頂上，先生！牠在大石頭上蓋牠的房子。」

「你看到幾個房子？」

「我看到三個，先生。可是有一個房子牠還沒蓋完，先生。」

「什麼事這麼大驚小怪？」賈姬正巧從房子裡出來，走到陽臺上問我們。

「是灰頸岩鶥（*Picathartes*）！」我簡短地回答，但她立刻懂了，值得表揚。灰頸岩鶥又名禿頭岩鶥，直到幾年前，唯一的樣種是幾張保存在博物館內的鳥皮，而且親眼在野外見到活鳥的歐洲人屈指可數。第一隻抵達英國的活鳥，由倫敦動物園的指定動物蒐集者，塞西爾．韋伯，捕捉攜返。六個月之後，我遠征喀麥隆，從獵人手中取得兩隻成鳥，很不幸兩隻都在返鄉航行途中感染麴菌，罹患嚴重肺病死亡。現在伊萊亞斯居然找到一個族群，也許運氣好，還能蒐集到雛鳥，親自餵養。

「這鳥，牠房子裡有沒有小孩？」我問伊萊亞斯。

「有時候牠有，先生，」他不太確定地說。「我從來沒去看牠房子裡面。我怕那鳥有時候去跑掉。」

「嗯，」我轉身對賈姬說，「只有一個辦法，我必須去伊休比看看。妳和蘇菲待在這兒照顧已經蒐集到的動物，我帶鮑伯去那裡住兩天，去找灰頸岩鶥。就算岩鶥巢裡沒有雛鳥，我也想看看牠們在野外生存的自然狀態。」

「好吧。你們什麼時候出發？」賈姬問。

「如果找得到挑夫，明天就走。妳去叫鮑伯，告訴他我們終於要進入真正的森林了。叫他把抓蛇的器具準備好。」

隔天一大早，天氣還涼，八位非洲人已抵達約翰．韓德森的家前面，循慣例，他們先為誰該扛什麼爭吵一陣子，才把一捆捆的器材分別頂上他們的毛毛頭，一行人啟程前往伊休比。過河之後，先穿越不久前企圖獵捕蟒蛇失敗的那片草原，接著進入神祕的森林。伊休比步道在林木間蜿蜒，九彎十八拐，羅馬帝國的修路專家若看見這條小路肯定會昏倒。有時為了避開巨岩或倒木，步道甚至折返；有時又筆直向前，完全不理會這些障礙。碰到這樣的情況，挑伕只好停下來，形成人鏈，將行李接力抬過巨大倒木，或搬到小型斷崖底下。

我老早警告鮑伯這段路上可能根本看不到任何野生動物，但他仍不死心，每經過一段枯木，必定猛烈攻擊，夢想著能在裡面找到珍禽異獸。有關熱帶森林如何危險邪惡、野獸橫行的傳聞及文章書籍比比皆是，令我感覺十分厭倦。首先，熱帶森林的危險程度跟夏天英格蘭的新森林無甚差別；其次，你根本看不見野獸橫行。並非每一叢樹裡都藏有野蠻的生物，等著撲擊你。森林裡當然有動物，可是牠們都聰明地躲著你。我敢跟任何人打賭，看誰能步行穿越這片通往伊休比的森林，在途中看見的「野獸」數量必須要用兩隻手的手指頭來數。我多麼希望那類傳聞是真的，我多麼希望每叢樹後面的確藏有等著偷襲我的「野蠻的森林居民」，果真如此，蒐集野生動物的工作就輕鬆多了。

伊休比步道上唯一常見的生物是蝴蝶，但這些蝴蝶顯然都沒讀書，完全沒表現出想攻擊人的意圖。每當步道下坡進入小山谷，總有條小溪流經谷底，成群的蝴蝶便在清澈溪水兩側溼潤且多蔭的沙岸上聚集，緩緩開闔蝶翅。若從遠處看，溪畔因為牠們總帶著一種蛋白石發出乳光且不斷變幻色彩的質感，顏色從火焰紅到純白、從天藍到淺紫、再到深紫，不停變幻；蝴蝶們都像被催眠了，也像在用翅膀為沁涼的樹蔭鼓掌。挑夫們邁出肌肉結實的腿，不經心踩過群集的蝴蝶，我們立刻身陷及腰的彩色漩渦，不知多少蝴蝶在身邊忽上忽下、繞圈轉。等我們經過後才再度安頓，停回像水果蛋糕般溼潤豐饒又芳香的黑色土壤之上。

伊休比步道的中段有個地標，是一棵非常老的大樹，因為纏滿厚厚一層藤本植物，樹的本體幾乎全被遮蓋住。這裡是休息的好地方。挑夫們累得喘大氣，哼唧哼唧把氣從門牙縫裡擠出來，像在吹口哨。他們把裝備卸下，擱在地上，自己在一旁蹲下，身上的汗水閃閃發光。我分發了香菸，大家坐下慢慢享受。森林深處就像陰暗的大教堂內部，感覺不到風，藍色的煙柱輕輕搖曳，便直往上升。唯一的聲響，是停在每棵樹上的綠色大蟬那沒完沒了、電圓鋸似的鳴聲；還有遠方傳來一群犀鳥的叫聲，彷彿一群醉酒的樂手在吹喇叭。我們一邊抽菸，一邊觀看森林裡褐色的小型石龍子在四周板根裡狩獵。這種小蜥蜴看起來永遠那麼地整潔光鮮，彷彿用巧克力翻模做成，而且上一秒鐘才剛從模具裡爬出來，熠熠生輝，完美無瑕。牠們的動作謹慎緩慢，似乎怕把自己美麗的皮膚弄髒；牠們的世界是由褐色枯葉與傘蕈形成的森林，以及大片鋪在石頭上的柔軟青苔。在這個世界裡牠們滑行遊巡，閃亮的眼睛不停左顧右盼。狩獵的對象是居住在森林地面數不清的微小生物——像是小黑甲蟲，永遠急急忙忙，彷彿趕赴葬禮的殯儀員；或是在葉片上緩緩挪移、留下一道用銀色黏液掐絲的蛞蝓；還有栗色的蟋蟀，蹲在陰影裡不停舞動超長的觸角，彷彿坐在溪畔釣魚的新手。

賜予我們樹蔭、讓我們能夠納涼休息的那棵大樹擁有巨大的板根系統，根系黑暗潮溼的坑洞裡常聚集一小群一小群令我著迷的一種小飛蟲。停憩時，牠們像小型的大蚊（daddy-longlegs），但翅膀為朦朧不透明的白色。總是大約十隻停在一起，翅膀不停微微顫抖，細弱的腿不斷上下抖動，彷彿許多匹焦躁不安的小馬。若受到驚動，牠們會同時起飛，然後展示一種極有趣的集體配合行動：牠們會先升到距離地面約二十公分處，在一塊和一只小碟差不多大的範圍內圍成一個圈，然後以極快的速度不斷繞圈飛行；有些蟲會往上飛，飛到同伴的上方，其他的蟲繼續像個輪子不停轉圈圈。從遠處看，這種隊形的效果非常怪異，就像一個不斷旋轉、朦朧閃爍的白球。這顆球每隔一段時間形狀會稍作變化，但永遠停留在空中同一個位置。這種蟲飛行的速度極快，每一隻的身體又極細，所以只看見一大團翅膀，彷彿一片閃著微光的白霜。牠們的空中隊形展示令我著迷，每次進入森林，我甚至會特意偏離步道去找這種小飛蟲、驚動牠們，看牠們為我起舞。

正午時分，我們終於抵達伊休比。小村和我印象裡八年前的模樣無太大差別；同樣兩排零星四散的茅草屋，茅屋中間同樣留一條塵土飛揚的寬步道，即村裡的大街；還有一片孩童與狗的遊戲場，和另一片專門給骨瘦如柴的家禽挖土找蟲吃的空地。伊萊亞斯搖搖擺擺從大街另一頭走過來迎接，小心避開攤成一地的嬰兒與牲畜，身後跟了一名頭頂兩顆綠色大椰子的小男孩。

「歡迎，先生！你來了！」他沙啞地叫道。

「我看到你了，伊萊亞斯！」我回答。

他開心地對我們咧嘴笑。挑伕們在他注視下喘大氣，哼唧哼唧、發出哨音，將我們帶來的裝備卸得滿街都是。

「先生去喝這椰子？」伊萊亞斯揮舞他手中的開山刀，滿懷希望地問。

「好的，我們非常想喝！」我眼睛盯著那兩顆大硬果，口水都要流下來了。

伊萊亞斯立刻開始忙活。兩把破爛椅子從最近一間茅屋裡搬出來，鮑伯和我在大街中央一小片樹蔭下入座，旁邊圍滿有禮貌保持安靜、卻無法不瞪著我們看的伊休比村民。伊萊亞斯用開山刀快速又準確地揮砍幾下，剝下椰子厚厚的皮，椰子頂露出來後，再用刀鋒一削，打個小洞，遞給我們，方便我們喝到硬殼裡清涼甜美的椰子汁。每顆椰子內裝了大約兩杯半的甘露，既解渴、又衛生保鮮；我們細細品嚐每一口。

休息之後，接下來的工作是扎營。村外兩百公尺處，有一條小溪流過，我們在溪畔選了一塊植被不難清除的地方。一群人操開山刀先將那塊地方所有矮叢及小樹砍倒，另一隊人帶短柄寬刃的鋤頭跟在後面，將紅土整平。只要一群非洲人在一起工作，免不了一陣陣譁然——彼此侮辱謾罵、互相指控對方愚蠢、坐下罷工及小規模鬥毆——最後那塊地終於整理完畢，看起來像一片犁得很糟的農地，但可以搭帳篷了。廚子燒飯時，我們走到溪裡，用冰涼的溪水將身上的塵土與汗水洗淨，看粉紅與咖啡色的螃蟹躲在石頭縫裡對我們舞動大螯，感覺到那些紅藍相間、閃閃發亮的小魚在輕輕啃嚙我們的腳。盤桓流連，終於折返，發現營地內已秩序井然。吃完之後，伊萊亞斯逛過來，蹲在我們斜頂簡易帳篷的陰影下，跟我們討論狩獵計畫。

「我們哪時去找這種鳥，伊萊亞斯？」

「欸，先生知道現在牠會太熱，這種鳥都去林子裡找肉吃。到傍晚天冷了，牠會去房子裡做工，那時我們再去看牠。」

「好，那四點鐘的時候你再來，你聽見了嗎？那時我們去看這種鳥，欸？」

「是，先生！」伊萊亞斯起身。

「如果你不講真話，如果我們看不見這種鳥，如果你在開我玩笑，我去用槍射你，叢林人！你聽見了嗎？」

「欸！」他笑著大喊，「我從來不跟先生開玩笑。真的，先生！」

「好，我們去找你，欸？」

「是，先生！」伊萊亞斯把掛在肥臀上的紗籠轉一轉，啪啪啪走回村子去了。

四點鐘，太陽已落入森林最高一層樹的背後，傍晚的空氣溫暖寧靜，懶洋洋的。伊萊亞斯回來時，身上那條俗豔的紗籠不見了，取而代之的是圍住下體的一小塊髒布。他漫不在乎地揮揮手裡的開山刀，像在發表宣言：

「我來了，先生！先生準備好了嗎？」

「準備好了，」我把望遠鏡和蒐集袋掛上肩膀。「走吧，好獵人！」

伊萊亞斯先領我們走入村裡大街，然後突然轉進夾在茅屋之間的一條窄路，經過一小片種滿葉子像羽毛的木薯和灰頭土臉香蕉樹的農地，接著下坡穿越一條小溪，再迂迴轉入森林。離開村子之前，伊萊亞斯指給我看前方一座小山，告訴我那即是岩鶥的家。雖然那座山看起來離村子不遠，但根據過去的經驗，我知道事實並非如此。喀麥隆的森林就像《愛麗絲鏡中奇遇》[8]裡的花園，想去的地方雖近在眼前，一旦走過去才發現它會不斷移位，其實遠在天邊。有時為了抵達目的地，必須和愛麗絲一樣，朝相反的方向走。

這座小山的情況正是如此。步道不直接通向那座山，反而在森林裡繞來繞去，毫無章法，我幾乎懷疑伊萊亞斯指給我看的時候，我是否根本看錯了，看的是另一座山。可就在我滿腹狐疑的時刻，小徑開始向上攀升，顯然我們已抵達山腳。伊萊亞斯岔出小徑，率先鑽入路旁的林下灌叢，用力揮舞開山刀開路，劈砍垂掛下來的蔓藤和張牙舞爪的荊棘。他氣透齒縫，不斷發出輕微的嘶嘶聲，雙腳踩在柔軟的腐葉層上，卻不發出半點聲響。才過一會兒，我們已開始吃力地往上爬，步道非常陡，有時我的眼睛跟伊萊亞斯的腳齊平。

喀麥隆的小丘與大山構造都很怪，爬起來令人精疲力竭，全是遠古火山爆發的遺跡，地殼被強猛的地下運動力量直往上推，形成稀奇古怪的幾何圖形，有完美的等腰三角形，有銳角三角形、或呈錐體、或像個盒子。山丘以令人眼花撩亂的形狀自平地向上拔起，就算有人拿它們做數學題目，證明深奧難懂的歐幾里德算法原理，我也不

8 英國兒童文學家路易斯．難卡羅於一八七一年出版的《愛麗絲夢遊仙境》續作，作品中有大量關於鏡子的主題，像是對稱、時間逆轉等，維持前作天馬行空的奇幻文風。

會覺得驚訝。

此刻我們正在爬的這片山坡，幾乎呈完美的錐狀自平地拔升。剛開始爬，你會覺得這座小山好像比乍看之下陡很多；走不到一刻鐘，你會堅信山路呈四十五度往上升。伊萊亞斯安步當車，彷彿在走一條碎石平路，不時敏捷低頭或閃身，躲避懸掛的樹枝或林下灌叢，鮑伯和我卻大汗淋漓、氣喘吁吁，跟得十分艱苦，有時甚至必須手腳並用，四肢著地，才不致於落後太多。幸好，就在山頂下方，山路變平坦，成為一道寬闊的壁架，我和鮑伯才鬆一口氣。透過糾結的樹叢，可見前方有一道高約二十五公尺的花崗岩懸崖，崖面覆蓋幾塊蕨類與秋海棠，崖底堆滿被水浸蝕磨光的巨石。

「就是這個地方，先生！」伊萊亞斯停下腳步，把自己的肥屁股安放在一塊大石上。

「好極了！」鮑伯和我異口同聲地說，也跟著坐下來喘氣。

休息一會兒之後，伊萊亞斯帶我們穿越巨石的迷陣，來到一處向外凸出、懸在石堆上方的崖壁。我們在這道突出的崖壁下又走了一段距離，然後伊萊亞斯冷不防止步。

「房子在那裡，先生！」他驕傲地咧嘴笑，露出一口閃閃發光的漂亮白牙，然後指一指頭頂上的岩壁。距離僅三公尺外，我看見了灰頸岩鶥的巢。

猛一看，那個巢頗像一個超大的燕窩，用紅褐色的泥土黏合細小根莖而成，嵌進巢底部的根莖較長，倒掛下來，像一把鬍子。是建築師工藝不仔細、抑或特別的偽裝術，不得而知。不過垂下來的那把根莖的確具有遮掩效果，猛一看，鳥巢只像是長在被水浸蝕成肋狀粗糙崖面上的一叢草、或黏在上面的一堆土。整座巢大概跟個足球一般大，蓋在向外伸出的崖壁下方，正好可以遮雨。

我們的第一件工作是確認巢內是否有居民。幸好巢的對面長了一株高高瘦瘦的小樹，我們輪流爬上去往鳥巢內盱。很可惜，巢內空空如也，不過似乎一切就緒，只等母鳥下蛋，因為巢內鋪了一層織得緊密又有彈性的細根。我們沿著懸崖再往前走，很快又發現兩個巢，其中一個跟第一個巢一樣，已完工；另一個卻只蓋到一半。兩個巢裡都看不見幼鳥或鳥蛋。

「如果我們去躲起來，少少時間那隻鳥會回來，先生！」伊萊亞斯說。

「你確定？」我懷疑地問道。

「是，先生！是真的，先生！」

「好，那我們去等少少時間。」

伊萊亞斯帶我們進入一個從崖壁向內鑿成的山洞，洞口幾乎被一塊特別巨大的石頭完全堵住，形成一面天然屏障。蹲伏在巨石後面，我們躲在陰影裡，被石牆遮住，十分隱密，卻可以清楚看見掛在岩壁上的三個鳥巢。安頓之後，我們耐心守候。

此時森林一片昏暗，因為太陽早已西斜。透過交織在我們頭頂上的樹葉與藤蔓，可以看見泛著金斑的綠色天空，彷彿我們正躲在樹林後面偷窺一頭巨龍的腹側。屬於黃昏的特殊聲音開始響起，遠方傳來一群白腹長尾猴（mona monkey）準備回巢安寢的聲音；猴群從一棵樹跳到另一棵樹上，好似巨浪拍擊石岸，發出富韻律感的撞擊聲，偶爾再點綴幾聲「鷇……鷇……」這群長尾猴沿著山腳經過我們下方，但林下矮叢如此茂密，只聞其聲，卻看不見牠們。一如往常，一大群犀鳥如隨行護從似地跟在猴群後面，犀鳥也分段從一棵樹飛到另一棵樹上，呼呼拍擊翅膀，發出巨響，然後撞進我們頭頂上一叢樹裡。綠色的天空襯托出牠們坐在樹枝上的剪影，讓我們看見牠們開啟一段冗長複雜的對話，大頭搖搖擺擺、互相閃躲，張開巨嘴，歇斯底里地又哼又叫，彼此埋怨。牠們的頭奇形怪狀，有根巨喙，巨喙上方還有一條香腸狀的頭盔，這些怪頭在天空襯托下不停上下動、前後推，彷彿在演出一場斯里蘭卡的驅魔面具舞。

昆蟲交響樂團日夜無休，但當黑暗來臨，音量會提高千倍，令腳下的整片山谷隨之震動。不知從哪裡傳來一隻樹蛙的歌聲，先以長長一聲顫音開始，然後停頓半晌，彷彿用一把迷你氣動鑽在樹裡鑽洞，不時必須停一下，讓氣動鑽降溫。突然間，我聽到一個新的聲音，一個我從來沒聽過的聲音，我瞅伊萊亞斯，用眼神詢問。

伊萊亞斯霍地挺直身體，往四周藤蔓與樹葉交織的暗影裡瞧去。

「吶，那是什麼？」我小聲問。

「吶，那隻鳥，先生！」

第一聲鳥鳴從山下傳來，距離很遠；這時又傳來第二聲，近多了。那聲音很怪，極難描述，有點像北京犬突然尖吠一聲，但音質像笛聲，而且聽起來有點孤單悲傷。鳴聲不斷傳來，一聲接一聲，但不論我們如何用力睜大眼睛在朦朧的樹影中尋找，仍看不見鳥的蹤影。

「你覺得那是岩鶥嗎？」鮑伯低聲問。

「我不知道……但我從來沒聽過這種聲音。」

片刻靜寂之後，猝然又傳來同樣的叫聲，而且這一次距離非常近；我們躺在石頭後面，一動也不敢動。正前方不遠處長了一株小樹，高約九公尺，被鐘繩般粗的藤蔓纏了一圈又一圈，壓得樹幹都歪了，伸進旁邊樹叢的樹葉裡。眼前視線範圍朦朧一片，只有這株快被殺手藤蔓纏死的小樹，正好落在斜陽最後一道餘輝中，整個畫面好比一幅完美的舞臺布景。接著，彷彿迷你舞臺的帷幕為我們拉開，一隻活生生的岩鶥突然出現眼前。

我說那隻岩鶥「突然出現」，一點都不誇張。熱帶森林裡的鳥類及動物行動時通常極安靜，所以牠們會突然地、而且出乎意料地出現在你面前，彷彿變魔術似的。粗藤在小樹頂繞出一個大環，那隻岩鶥突然就站在那個環裡，微微搖晃，頭往一邊歪，彷彿在用心聽。能夠親眼目睹任何一種野生動物在自然環境裡活動都是令人激越的經驗，何況當你確知自己所看見的動物是珍禽異獸，而且世界上只有極少數幾個人親眼看過牠，那你所感受到的興奮和刺激，肯定無法言喻。鮑伯和我一臉狂熱地躺在那兒凝視那隻岩鶥，就像兩名集郵者在小孩集郵冊裡發現一枚「黑便士」[9]。

岩鶥的大小和寒鴉（jackdaw）差不多，但身體的線條如烏鶇（blackbird）一般豐滿流暢。牠的腿長而有力，眼睛很大，顯然視力極佳；胸是光滑細膩的淺奶黃色，背部及長尾是極美的石板灰色、泛白、呈粉狀，翅膀邊緣為黑色，就像一道分界線，

9 Penny Black，是世界上第一枚大量印製帶背膠的郵票，一八四〇年在英國發行，面值一便士。現今市價超過兩千英鎊。

凸顯牠的胸與背的顏色。但最引人注目、且令人無法移開視線的是牠的頭部：全禿、沒長一根羽毛；前額及頭頂是鮮豔的天藍色，後腦勺是明亮的淡粉紅色，頭兩側及臉頰為黑色。通常禿頭的鳥看起來都有點噁心，彷彿得了可怕的不治之症；然而岩鶥分成三色的頭看起來卻明豔華麗，就像戴了一頂皇冠。

那隻岩鶥停在藤上約一分鐘之後，飛到地上，開始在石頭間來回跳，牠跳躍的力量和距離是如此不同凡響，看得我目瞪口呆。岩鶥跳躍方式和普通的鳥不同，倒像在腳底下裝了彈簧，直接往空中發射出去。那隻岩鶥消失在石堆裡，但我們聽見牠在叫，還聽到另一隻在懸崖頂回應。我們往上望去，看見另一隻岩鶥停在我們上方一根樹枝上，往下看岩壁上的鳥巢。這隻岩鶥突然急速俯衝，落在其中一個鳥巢邊緣上，稍停片刻，左顧右盼一番，接著傾身將一根凌亂的細莖理平，再縱身躍入空中——我實在想不出其他更適合的描述方式！——猛地向下撲入朦朧的森林。另一隻從石堆裡現身，也跟著飛下去。過了一會兒，我們聽見牠們在樹間彼此呼喚，叫聲顯得有些淒涼。

「啊，」伊萊亞斯站起來，舒展四肢，「牠走了。」

「牠不回來嗎？」我開始捶自己的腿，因為腿麻了。

「不，先生！牠去林子裡面，找大樹枝睡覺。明天牠再回來蓋牠的房子。」

「那我們不如回伊休比吧。」

下山比上山快多了。此刻林冠下一片陰暗，我們經常失足摔倒，然後四腳朝天往下滑一大段距離，一邊滑、一邊拚命想抓住樹枝或樹根，讓自己的速度慢下來。終於走回伊休比村的大街時，我們已經掛了一身彩，到處是刮傷和瘀青，而且沾滿腐葉。我的情緒既高亢、又感到頹喪；高亢，因為我看見了活的岩鶥；頹喪，因為我明白我們不可能蒐集到雛鳥。既然待在伊休比已無意義，我決定隔天啟程返回馬姆費，並在穿越森林時蒐集動物。在喀麥隆境內，蒐集動物最有效的方法是煙熏中空樹幹，赴伊休比途中，我注意到森林裡有好幾棵巨樹的樹幹是空的，我認為值得深入調查，可能報酬豐厚。

隔天一早我們將所有裝備打包，先交給挑夫扛回馬姆費。由伊萊亞斯和另外三位伊休比獵人陪同及領路，鮑伯和我悠哉地跟在他們後面。

第一棵樹離伊休比步道邊緣不遠，僅深入森林約五公里，樹高達四十五公尺，樹幹大部分都像鼓一樣空。用煙熏中空樹幹是一門藝術，過程漫長複雜，非常麻煩，因此最好先確定樹裡到底有沒有值得用煙熏的動物。如果樹幹的基部有個大洞（通常都有），那就好辦，只要把頭伸進樹洞裡，再找一個人用棍子敲樹幹。若有動物住在裡面，待敲擊聲的迴音及震動停止，即會聽見牠們不安地挪動；就算你沒聽見動物挪動的聲響，若有一大堆腐木屑從樹幹上方掉下來，那也是裡面有動物的鐵證。發現的確有動物住在樹裡，下一步即需用望遠鏡仔細觀察樹幹頂端，最好能找出所有的樹洞，然後用網罩住。等這些工作都做好了，派一個人守在樹上，待會兒把陷在網裡的動物送下來，最後把樹幹下半截的洞也全堵好，就可以點火了。點火是非常棘手的步驟，因為通常這些樹的內部極乾燥，彷彿巨大的火引子，一不小心，整棵樹都會起火燃燒。所以，一開始你只能先用乾樹枝、青苔和樹葉燃起一小把火苗，等火苗旺了，趕緊用綠葉蓋上，而且必須小心慢慢增加葉子，這樣一來，火苗被蓋住，但嗆鼻的濃煙升起，就像在煙囪內升火，煙柱會直往上冒。然後，什麼事都可能發生；通常也會發生很多事，非常熱鬧。棲息在樹裡的動物千奇百怪，從噴毒眼鏡蛇（spitting cobra）

到靈貓（civet cat），從蝙蝠到非洲大蝸牛（giant snail）……其實煙熏大樹之所以好玩又刺激，一半是因為你永遠猜不準下一個露面的會是哪一種動物。

我們熏的第一棵樹成績平平，只逮到幾隻臉像教堂屋頂上怪獸石雕的葉鼻蝠（leaf-nosed bat），三隻彷彿三條德國香腸、下面各加一排流蘇般細腳的巨型馬陸，以及一隻灰色的睡鼠；小睡鼠咬了一名獵人的大拇指一口就逃走了。我們卸下網子，把火踩熄，繼續上路。接下來那棵樹高聳入雲，幹圍巨大，樹幹基部開裂，彷彿一扇教堂巨門，我們四個人站進樹幹陰暗的內部還感覺很寬敞。我們往上瞧，拿開山刀用力敲木頭，聽見從上面傳來模糊的騷動聲，同時一陣粉末狀的爛木屑掉到我們仰起的臉上和眼睛裡，顯然有動物住在樹裡。問題是如何送一位獵人登上樹頂去罩住所有可供動物逃逸的洞口。那根樹幹直上雲霄，三十五公尺的高度以下平滑如巨杖，一根樹枝也沒有。後來我們把僅有的三副繩梯繫在一起，一端再綁住一根結實的細繩，細繩末端加上重物，幾個人輪流扔繩子，往上朝樹冠層拋，拋到每個人手膀痠痛，繩子終於落在一根大樹枝上，才把繩梯朝天空拉上去、固定綁牢。等樹幹上半部和基部都用網子罩好了，火也在基部升起，所有人往後退，等待結果。

通常必須等上四、五分鐘，濃煙完全滲入樹幹內每一部分，才會有動靜，可是這棵樹的情況特別，幾乎立刻有反應。第一批出現的是看起來令人作嘔的鞭蠍（whip-scorpions）。鞭蠍若撐直牠無數根有稜有角的腿，可以覆蓋一只湯碗；牠的外形像隻噩夢中的蜘蛛，然後被壓路機碾過，變得像張紙那麼薄，因此別的動物無法通過的罅隙，鞭蠍可以自由進出，而且牠的行動方式令人極度不安，可在樹皮上滑動，速度之快，超出想像。由於鞭蠍行動飄忽、速度奇快，再加上一大把腳，即使你知道牠無毒，仍會覺得十分恐怖，本能地想躲。所以說，那天我靠在樹上休息，而第一隻鞭蠍突然像變魔術似地從一道縫隙裡鑽出，迅速爬上我的光臂膀，我受驚嚇的程度，非比尋常。

我剛從驚駭之中恢復，住在樹幹裡的動物不約而同一起往外衝。五隻灰色的蝙蝠振翅衝入網中，掛在網眼上嘰嘰叫個不停，小臉憤怒地皺成一團；兩隻灰綠色身體、淺黃褐色眼圈的松鼠[10]隨即加入，氣得在網裡滾來滾去、不斷尖叫。大家忙著把牠們解開、取出，同時必須小心避免被咬傷；跟著出現的是六隻灰色的睡鼠、兩隻鼻子和尾巴都是橙色的綠色大老鼠，和一隻眼睛特別巨大、身體卻很細的大眼樹蛇。樹蛇帶著受到冒犯的神情，在還沒人想到該去捉住牠之前，非常冷靜地從網眼裡鑽出去，一溜煙消失在矮叢中。現場一片混亂嘈雜；只見幾位非洲人在陣陣濃煙裡跳來跳去，每個人都在大叫，想指揮別人，但誰也不聽指揮；有人被動物咬了，疼得厲聲嚎叫；有人踩到別人的腳、有人胡亂揮舞開山刀和樹枝，完全不顧慮安全問題。喞命守在樹頂上的那位獵人，獨角戲唱得熱鬧，在大樹枝之間又叫又蹦、跳來跳去，動作如此激烈，我怕他隨時可能摔下來。我們的肺裡裝滿濃煙，被嗆得眼淚流個不停，蒐集袋裡卻裝滿扭個不停的動物。

終於，樹幹裡的最後一批居民全露臉了，濃煙散去，大家可以坐下來抽根菸，享受享受，同時檢查彼此身上的光榮傷口。守候在樹頂上的獵人在下地之前，用兩根長繩綁住兩只蒐集袋慢慢往下吊。我小心翼翼接過袋子，因為不知道袋裡裝了什麼，便詢問樹頂上的守衛收穫如何。

「你這袋子裡裝什麼？」我問。

「牛肉，先生！」他回答得很聰明。

「我知道是牛肉，叢林人！怎樣的牛肉？」

「欸？我不知道先生叫牠什麼。像老鼠，可是有翅膀。裡面還有一隻牛肉，牠眼睛大大像人，先生！」

我突然感到一陣興奮，心頭小鹿亂撞。

「牠的手像老鼠，還是像猴子？」我大聲問。

「像猴子，先生！」

「是什麼啊？」鮑伯看我笨手笨腳急著解開綁住袋口的繩子，感興趣地問。

「我不確定，可能是隻嬰猴（bushbaby）……嬰猴只有兩種[11]，兩種都少見。」

彷彿和繩子經過一場無休止的纏鬥之後，我才終於把綁住袋口的繩子扯掉，小心打開袋子。從袋子裡瞪著我看的，是一張整潔的小灰臉，一對巨大的、像兩把扇子往後貼住頭兩側的的耳朵，還有兩隻超級巨大的金色眼睛，正充滿恐懼地瞪著我，彷彿

---

10 審訂注：分布於喀麥隆的松鼠包括*Funisciurus*（非洲松鼠屬）和*Paraxerus*（灌叢松鼠屬）中，依作者描述，很接近後者中的一個物種*Paraxerus poensis*，其俗名中譯為「綠灌叢松鼠」（green forrest squirrel）。

11 審訂注：目前的分類持續在發表新種和新分類階層，嬰猴科底下有逾二十個物種、一共來自六個屬；喀麥隆的嬰猴科物種總共有七種。

一位老太太突然在自己的浴室櫃子裡發現一名陌生男子。牠的手和腳都很大，手像人的手，指頭細長瘦削（補充：指頭末端膨大，像樹蛙的吸盤一樣）。除了第二趾之外，每根腳趾的指甲都小而平整，彷彿剛上美容院修過指甲，第二趾末端卻是一根彎曲的爪子，長在一個如此人性化的手上，極不搭調[12]。

「是什麼？」鮑伯看我凝視那頭動物一臉幸福的表情，壓低聲音問我。

「這就是每次我來喀麥隆都想找的動物，」我欣喜若狂地說，「叫做南方尖爪嬰猴（*Euoticus elegantulus*），是嬰猴的一種，極罕見，若能成功帶回英國，將是抵達歐洲的第一隻。」

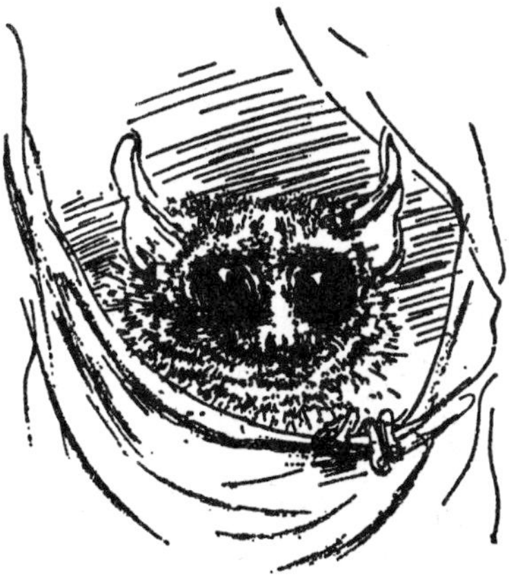

「老天！」鮑伯的語氣充滿敬意。

我給伊萊亞斯看那頭小獸。

「你認得這隻牛肉嗎，伊萊亞斯？」

「是，先生！我認得。」

「這種牛肉我要太多太多。如果你幫我捉到更多，我每隻去付你一個一鎊。你聽見了嗎？」

「我聽見了，先生！可是先生知道這種牛肉晚上才出來。去捉這種動物，需要帶獵人燈去找。」

「對。你告訴伊休比所有的人，我付一個一鎊買這種牛肉，聽見了嗎？」

「是，先生！我去告訴他們。」

「現在，」我一邊跟鮑伯講話，一邊仔細把裝有這隻珍貴牛肉的袋子綁好，「我們趕緊回馬姆費，把牠放進像樣的籠子裡，再看個清楚。」

12 審訂注：多數靈長類動物的腳不像人類成扁平狀，而是像人類的手一樣，腳趾的拇趾和其餘四趾可以對握。

我們將裝備打包好，加快腳程穿越通往馬姆費的森林，不時停下來打開袋子檢查，確定那珍貴的樣種有足夠的空氣呼吸，也沒被某種可怕的巫術神不知鬼不覺懾走了。我們在午餐時間抵達馬姆費，衝進大房子裡，大聲叫賈姬和蘇菲出來看此行的頭獎。我小心將袋子打開，叢猴把頭探出來，用牠那一雙巨大無比、盯著人看的眼睛，依序把我們每一個人巡視一遍。

「噢……牠好可愛哦！」賈姬說。

「好討人喜歡的東西……」蘇菲說。

「對，」我得意地說，「這是……」

「我們給牠取個什麼名字呢？」賈姬問。

「這得好好想一想，不能亂取。」蘇菲說。

「這是一種非常罕見……」我重新開始。

「叫牠『泡泡』好不好？」蘇菲建議。

「不好，牠看起來不像個『泡泡』！」賈姬像個裁判似地打量那隻嬰猴。

「牠是一隻尖爪……」

「『小呆呆』如何？」

「從來沒有人帶一隻活的回……」

「不好，牠看起來也不像個『小呆呆』。」

「歐洲沒有一家動物園有……」

「『小毛球』呢？」蘇菲問。

我打了一個寒顫。

「如果妳們非給牠取名字不可，叫牠『凸眼』！」我說。

「欸，這個名字好！適合牠！」賈姬說。

「好極了！」我說。「給牠取了名字，真讓我如釋重負啊。現在給牠找個籠子好不好？」

「噢，這裡就有一個，」賈姬說。「不用你擔心。」

我們輕輕把嬰猴送入籠裡，牠蹲坐在籠板上，一臉懼怖的表情。

「牠好可愛哦！」賈姬又說了一遍。

「是個小乖乖，對不對？」蘇菲像在哄嬰兒似地說。

我嘆口氣。即使經過我多年努力訓練，我的妻子和我的祕書只要一看到毛茸茸的動物，立刻故態復萌，又變成兩名昏聵的傻女人。

「哎！」我認命地說，「妳們應該會餵『小乖乖』吧？這個大乖乖要進去喝一滴滴琴酒酒啦！」

第二部

返回巴福特

Back to Bafut

一封來信

我的好友：

很高興你再一次來到巴福特。我歡迎你。

旅行勞累，等你平靜後，再來見我。

你的好友

巴福特國王

第三章

國王的牛肉

The Fon's Beef

自伊休比返回馬姆費之後，賈姬和我將當時已蒐集到的動物箱籠全裝上卡車，啟程前往巴福特。鮑伯和蘇菲留在馬姆費再待一段時日，希望能多蒐集一些熱帶雨林動物。

馬姆費到高原地區的旅途漫長單調，卻總令我神往。剛開始，道路先穿越馬姆費外圍森林蓊鬱的山谷。卡車轟隆隆在紅土路上顛簸，掠過巨樹，每一株彷彿都裝飾了花彩，掛滿攀緣與藤本植物。藤蔓叢裡或見小群犀鳥叭叭狂叫，或見一對對翠玉色的蕉鵑（touraco）飛過，炫耀牠們洋紅色的翅膀。橙、藍、黑的三色蜥蜴在路旁枯木上狩獵，和紅頭三趾翠鳥（pygmy kingfisher）搶食蜘蛛、蝗蟲及其他躲在紫色與白色牽牛花叢裡多汁又可口的小蟲。每一片小山谷的谷底總有小河流過，跨河的總是一道嘰嘎嘎響的老木橋。每當卡車轟隆駛過，水畔濕土上便揚起一團煙雲般的蝴蝶，總有幾隻圍繞引擎蓋旋轉片刻，方才消失。行駛約兩小時後，道路開始向上爬升，起始幾乎察覺不出，只是一系列穿越森林的大彎道，路兩旁不時可見筆筒樹從矮叢中冒出，彷彿一柱柱綠色噴泉，非常神奇。愈爬愈高後，森林偶爾會被一片片被驕陽烤白的草原取代。

漸漸地，就像脫去一件厚厚的綠外套，森林向後隱逝，草原露臉。陽光曬醉了的蜥蜴與高采烈地奔過馬路，一群群迷你的雀鳥從矮叢中爆出，在卡車前方飄移，因為羽色猩紅，就像從巨型篝火裡炸出來的火星子。卡車怒吼著、顫抖著、狂暴地做最後衝刺，蒸氣不斷從冷卻器裡往外冒，我們終於登上大峭壁頂。馬姆費森林躺在後方，呈現出百萬種深淺不同的綠色調；前方綿亙的是草原，溫柔起伏的山丘迤邐數百公里，一個皺褶接一個皺褶延伸至最遠處模糊的地平線邊緣，在雲影撫摸下閃爍金與綠，在陽光照射下顯得如此偏遠僻靜、如此美好。司機緩緩駛向山頂，讓卡車在顫抖中剎車停止，霎時四周紅塵揚起如龍捲風，將我們及所有行囊緊緊裹住。司機咧嘴給我們一個快樂的笑容——只有完成重要任務的人才會笑成那樣。

「我們為什麼停下來？」我問。

「我去尿尿。」司機坦誠答道，旋即消失在路旁長草中。

賈姬和我鑽出熱得發燙的駕駛艙，先舒展四肢，再走到後面去查看動物是否無恙。菲力蒲身體僵硬地坐在一塊防水布上，轉頭瞪我們，沾滿紅土的臉紅得發亮，他頭上戴的那頂軟氈帽今早出發時還是極秀氣的珍珠灰色，現在也紅得發亮。他用一條綠手帕摀住口鼻猛打噴嚏，同時帶著譴責的眼神瞅我：

「沙子太多太多，先生！」他對我咆哮，深怕我沒注意到這件事。賈姬和我雖然坐前座，一樣灰頭土臉。我不想慰問他。

「動物們還好吧？」我問。

「很好，先生！可是這隻叢林豬，先生，牠頭殼太硬。」

「什麼？牠怎麼了？」

「牠偷了我的枕頭！」菲力蒲氣憤地說。

我往黑腿臭獴「蒂奇」的籠裡盱。原來蒂奇覺得旅途乏味，想到一個消磨時間的活動，牠從籠條間伸出爪子，一點一點地把我們廚子睡覺用的小枕頭扯進牠籠裡，此刻正志得意滿地坐在小枕頭的殘骸上，白色羽毛灑得滿籠都是。

「沒關係，」我安慰菲力蒲，「我再幫你買個新的。不過你最好看住別的東西，欸？有時牠別的東西也偷。」

「是，先生！我會看好！」菲力蒲惡狠狠地瞪著坐在羽毛堆裡的蒂奇。

接下來，我們駛過綠色、金色與白色相間的草原。蔚藍的天空刷過一縷縷極細的白雲，像是一束束被風吹亂的纖細羊毛，被風颳起，飄過天空。這裡的風景每個細節似乎全是風的傑作：巨大的灰色岩石露頭被風鐫刻成肋狀、或侵蝕得奇形怪狀；長草被風吹彎，形成凍結的波浪；小樹被風吹得彎腰駝背、枝幹變形，長滿樹瘤。整片大地都在和風一起合唱、一起顫抖、悸動；風在草中嘶嘶嘶輕吹，風讓小樹嘎吱嘎吱呻吟，風繞著高聳入雲的巨石簷牙呼嘯。

然後我們駛向巴福特，駛進一天的尾聲，看天空轉變成淡淡的金色，夕陽沉入最遠那層山岳的後方。當沁綠的暮色籠罩整個世界，卡車在黃昏裡咆哮，轉過最後一個大彎道，駛入國王王府所在地的巴福特市中心。道路左邊是一座廣大的庭園，庭園後方有一堆小屋，那是國王妻眾與小孩的住宅區。其中最大一棟，占據最顯要的位置，它裝著國王父親的靈魂，以及其他許許多多次要的靈魂，看似翠玉夜空襯托下一個因年湮代遠而變黑了的蜂巢；道路右側是國王的休憩館，蓋在一道高堤上，石牆瓦頂，仿兩層樓義大利式別墅，形狀像個鞋盒，一、二樓外圍全加蓋了寬闊的陽臺，陽臺上掛滿九重葛，盛放粉紅與磚紅色的花朵。

我們疲憊地從卡車裡爬出來，監督工人把獸籠一一卸下，安置在二樓陽臺，再陸續卸下及收妥其餘裝備，然後進屋把身上的紅土大略洗掉。菲力蒲奪過他僅存的床具，以及裝滿廚具與食物的箱子，像一位巡邏軍警必須去平息一場討人厭的小型暴動，身體僵硬但行動迅速地咚咚咚大踏步走進廚房。等我們餵完所有的動物，菲力蒲已煮好一頓可口的晚餐。吃完之後，我們倒頭就睡，這一覺睡得跟死人一樣沉。

隔天清早，晨曦照耀下的空氣涼爽，我們步行去向招待我們的主人國王致敬。穿過寬廣的庭園後，便走進由國王妻眾住屋、無數迷你廣場及曲折巷弄形成的迷陣，來到一片由一株巨大芭樂樹遮蔭的小中庭前，國王的別墅即在中庭後方，也是一棟石牆瓦頂的房子，但只有一邊加蓋了寬敞的陽臺。站在通往陽臺臺階頂端的，正是我的朋友，巴福特的國王。

他站在那兒顯得又高又瘦，身上穿一件藍色繡花的純白長袍，頭戴一頂無邊軟帽，臉上掛著我再熟悉不過、開心又淘氣的笑容；他伸出一隻超級大又非常細的手，表示歡迎。

「我的朋友，我看見你啦！」我高喊，快步奔上臺階。

「歡迎……歡迎……你來了……歡迎！」他也高喊，並用他巨大的手掌抓住我的手，再用一根細長的手臂攬住我肩膀，溫馨地拍拍我。

「身體可好，我的朋友？」我抬頭看他。

「我好，我好，」他咧嘴笑。

我覺得他太謙虛了；他看起來豈止好，簡直英姿煥發。我最後一次見他是八年前，那時他已年過七旬，看來這些年我比他老得快。我介紹賈姬，心裡覺得眼前這兩人的對比十分有趣——國王身高一百九十公分，穿著身袍，顯得更高，他站在才一百五十五公分的賈姬身旁，簡直像一座眉開眼笑的塔，賈姬的手被他黑色的巨手一握，像小孩的手。

「走，我們去裡面。」他緊抓住我倆的手，領我們走進他別墅。

屋內和我記憶中一樣：清涼、舒適，地板上鋪了豹皮，堆滿軟墊的木頭沙發椅雕工精美。坐下以後，國王的一名妻子端來酒杯與酒，國王極慷慨地倒了三大杯威士忌酒，笑容可掬地遞給我們。我審視杯中深達十公分的純酒，嘆了一口氣。顯然過去八年我不在這兒，國王並沒有參加禁酒運動。

「開—心—喲！」國王說完，一口就喝掉半杯。賈姬和我也跟著啜飲一口，但秀氣多了。

「我的朋友，」我說，「再見到你，我快樂太多太多！」

「哇！快樂？」國王說。「看見你我才快樂。他們告訴我你又來到喀麥隆，我快樂太多太多。」

我謹慎地再啜一口酒。

「有人告訴我你生我的氣，因為我寫了那本書，講以前我們在一起的快樂時光，所以我害怕回到巴福特。」我說。

國王臉一沉。

「什麼樣的人告訴你這話？」他憤怒地問。

「一個歐洲人告訴我。」

「噢，歐洲人，」國王聳聳肩，彷彿很驚訝我居然會聽信白人的話，「吶！謊話！」

「那就好，」我如釋重負地說，「如果我想到你生我的氣，我的心會不快樂。」

「不！不！我不生你的氣！」國王說完，在我還來不及阻止他之前，又嘩嘩往我的杯子裡加了許多酒。「你寫的這本書……我喜歡……你把我的名字傳遍天下……每一種人都知道我的名字了……吶！這是好事！」

我再一次意識到自己又低估了國王，顯然他早已明白任何宣傳都比沒有宣傳強。

「聽著，」他繼續說，「好多好多人來巴福特，全部不一樣不一樣的人，他們全部給我看你的這本書，裡面有我的名字……吶，好事！」

「是，是好事！」我表示同意，心裡其實感到震驚，沒想到我居然在無意間把國王捧成一位文學巨人了。

「那次我去奈及利亞，」他一邊說，一邊將整瓶威士忌酒拿起來盯著瞧，似乎對過去緬懷不已。「我去拉哥斯見那個女王女人，那裡的歐洲人全部拿你的書，好多好多人請我寫我的名字在你的書裡面。」

我盯著他看，訝異得嘴巴閉不起來。想到國王坐在奈及利亞首都拉哥斯某處替我的書親筆簽名，令我啞口無言。

「你喜歡女王嗎？」賈姬問他。

「哇！喜歡？我喜歡她太多太多。好女人她是！吶，小小女人，跟妳一樣一樣，可是她夠力，哇！那個女人力氣太多太多！」

「你喜歡奈及利亞嗎？」我問。

「不喜歡！」國王堅決地答道。「太熱太熱。太陽，太陽，太陽！我流汗，我流汗！可是這個女王女人她夠力，了不起！……她走啊走啊，她從不流汗！吶，好女人！」

他想起往事，咯咯笑了起來，漫不經心地又把三個杯子給斟滿。

「我給這個女王，」他繼續說，「一根象的牙齒。你知道？」

「我知道，」我記起喀麥隆獻給女王陛下那根雕工極精美的巨大象牙。

「我替全部喀麥隆的人給她這根牙齒，」他說。「這個女王她坐在一把椅子上，我輕輕、輕輕走過去給她這根牙齒。她拿過去。在那裡全部的歐洲人都說不好給這女王女人看你的屁股，所以全部的人都倒退、倒退走；我也倒退、倒退走。哇！那些臺階，吶！我很怕跌跤，可是我輕輕、輕輕走，都沒有跌跤……可是我太怕太怕！」

他想到自己在女王面前倒退著下臺階，笑得眼淚直流。

「奈及利亞不是個好地方，」他說，「太熱太熱……我流汗啊！」

提起流汗，我注意到他的目光又停留在威士忌酒瓶上，我趕緊起身告辭，表示我們還有許多行李尚未拆包。國王陪我們走下陽光滿溢的中庭，拉起我倆的手，誠懇地俯視我們。

「到晚上，你們回來，」他說。「我們去喝酒，欸？」

「好，到晚上，我們回來。」我向他保證。

「到晚上，我給妳看我們巴福特的快樂時光，」他說。

他低頭對賈姬笑。

「好！」賈姬報以勇敢的微笑。

國王優雅地揮揮手，允許我們告退，自己轉身走進別墅。我倆則有些步履艱難地走回休憩館。

「喝那麼多威士忌，我吃不下早餐了。」賈姬說。

「這哪算多，」我抗議。「這只是慶祝一天即將開始的開胃小酒，今天晚上妳等著瞧吧。」

「今晚我不喝了……你們倆去喝吧！」賈姬說，語氣十分堅決。「我只喝一杯，然後絕不再喝了。」

吃完早餐，我們在陽臺上照顧動物，我的眼光無意間越過欄杆，瞄到遠方大路上有一小群男人正朝王府走來，等他們走近些，我注意到每個人手上若非提著用酒椰葉編的簍子，否則便拎著瓶口塞了綠葉的葫蘆。這麼快就有人帶動物來，我簡直不敢相信。通常放出風聲之後，必須等幾天、甚至一個星期，附近的獵人才會陸陸續續送東西來；我屏息以待。果然，那群男人離開道路，轉進王府，有說有笑地爬上通往陽臺那道長長的臺階，但一爬到臺階頂端，所有人立刻噤口，只小心翼翼將帶來的禮物擺在地上。

「我看見你們啦，我的朋友！」我說。

「早安，先生！」他們異口同聲地唱道，每個人都齜牙笑。

「吶！這些全部是什麼東西？」

「吶，牛肉，先生！」他們回答。

「你們怎麼知道我回到巴福特買牛肉？」我至感困惑地問他們。

「欸，先生，國王告訴我們。」一位獵人答道。

「老天！如果國王早已放出消息，那動物數量豈不立刻爆增，會多得讓我們應接不暇？」賈姬說。

「我們現在已經應接不暇了，」我審視腳旁的一堆獸籠，「而且空籠還沒拆包呢。好吧，兵來將擋，水來土掩，先看看他們都送來什麼。」

我彎腰拎起一只酒椰葉編的簍子，把它舉得高高的。

「這是哪個人帶來的？」我問。

「吶，是我，先生！」

「吶，裡面是什麼？」

「吶，小松杵，先生！」

「小松杵是什麼東西？」賈姬看我準備解開綁住袋口的繩子，先問我。

「完全沒概念。」我答。

「那你是不是該先問清楚？」賈姬的建議很實際。「萬一是條眼鏡蛇怎麼辦？」

「嗯，妳說的也對。」我的手停下來，轉頭去問那位獵人，他正不安地盯著我看。

「吶，小松杵是什麼牛肉？」

「吶，小牛肉，先生！」

「吶，壞牛肉？會咬人？」

「不，先生，一點也不！這隻是小的小松杵，先生……小小。」

這個情報令我安心不少。我把袋口打開，往袋子裡瞧。袋底裝了一堆乾草，一隻非常小、體長大約才九公分的松鼠幼崽躺在乾草堆上，不停蠕動、抽搐，可能才出生幾天而已，身上的毛相當柔密，還會發亮，而且眼睛還沒睜開。我小心翼翼把牠抱出簍子，牠躺在我的手心裡，彷彿從聖誕拉炮裡掉出來的一只小玩具，粉紅色的嘴巴像唱詩班的男童，張開呈O字型，不斷發出微弱的吱吱聲，超級迷你的小爪子像在游泳似地往我的手指上推啊推。我耐著性子，等我太太又像對人類寶寶似地哄牠誇牠一陣子。

「好吧，」我說，「妳想留牠，那給妳養。可是我先警告妳，餵牠會是個噩夢。不過這隻是黑耳紅頰松鼠（black-eared squirrel）寶寶，這種松鼠極少見；這是唯一值得妳嘗試的理由。」

「噢！不會有問題的，」賈姬樂觀地說。「牠很壯呢，難關已經克服一半了。」

我嘆口氣，想起我在世界不同角落曾試圖餵養無數隻松鼠寶寶，每一隻似乎都弱智得厲害，而且每一隻都有強烈的自殺傾向。我轉頭對那名獵人說，「這隻牛肉，我的朋友，吶，是隻好牛肉，我喜歡太多太多，可是牠是幼崽，欸？容易去死掉，欸？」

「是，先生！」獵人面色陰沉地表示同意。

「所以，我現在付你兩個先令，再給你書，兩個星期以後你去回來，欸，如果這隻幼崽兩個星期以後還活著，我去多付你五個先令，欸？你同意嗎？」

「是，先生，我同意！」獵人眉開眼笑地咧咧嘴。

我先付他兩先令，再寫一張五先令的期票給他，他在我的注視下小心翼翼將期票塞進自己的紗籠褶子裡。

「你別把期票搞丟囉，」我說。「如果你搞丟了，我不付你錢哦！」

「不，先生，我不去搞丟。」他向我保證，又咧嘴笑。

「你知道嗎，牠有最美的顏色。」賈姬凝視她掌心裡的小松鼠說。我同意她的這句評語，這隻松鼠寶寶超級袖珍的頭為亮橙色，每一片耳朵後面都有一道清晰的黑緣，彷彿媽媽沒把牠的耳朵洗乾淨，身體背部是斑駁的綠色，肚子是淡淡的黃色；最荒謬的是牠的尾巴：上面是墨綠色，下面是焰橙色。

「我該叫牠什麼呢？」

我瞄了那隻不停顫抖的小可憐一眼，牠還在賈姬的手掌心裡練習唱詩。

「跟著獵人叫牠小松杵吧！」我提議。後來我們知道這隻黑耳紅頰松鼠是母的，從此小松杵這個名字就跟著她了。

研究命名法之際，我同時忙著解開另一只酒椰葉簍子，但忘了問獵人裡面裝了什麼，便大意地直接打開簍子，結果一個老鼠般又小又尖的臉從簍子裡探出來，狠狠咬了我的手指一口，並發出極刺耳憤怒的尖叫聲，旋即消失在簍子深處。

「那是什麼鬼東西？」賈姬問道。我一邊吮指頭、一邊咒罵，所有獵人像個合唱團，異口同聲唱道：「抱歉，先生！抱歉，先生！」彷彿我的愚蠢是他們集體造成的過錯。

「那個像惡魔的小可愛是一隻長毛獴（pygmy mongoose）[13]，」我說。「以牠們這麼小的體型來說，算得上是巴福特最凶悍的動物，而且叫聲尖銳到極點，我聽過的小動物叫聲，除了狨[14]之外，就屬長毛獴最刺耳。」

「我們把牠關在哪裡呢？」

「必須拆行李拿出一些籠子。現在暫時把牠留在簍子裡，先去檢查別的動物再說。」我一邊說，一邊小心地把簍子再捆緊一點。

「同時蒐集到兩種獴很好。」賈姬說。

「對，」我吮著手指頭，表示同意。「太令人愉快了！」

經過檢視之後，證實其他容器的內容不甚精采，共三隻普通蟾蜍、一條年幼的綠色樹蛙和四隻我不要的織巢鳥。把這些動物和獵人都遣送走之後，我專心解決給長毛獴找籠子的問題。遠征蒐集動物最糟糕的情況，即行前沒有準備好足夠的籠子。我第

---

13 審訂注：一般所指的侏儒獴（*Helogale*）沒有分布到喀麥隆，多分布於東非及南非。杜瑞爾指的侏儒獴其實較通用且不易混淆的中文譯名是長毛獴（*Crossarchus*），喀麥隆有一種：扁頭長毛獴（*C. platycephalus*）。

14 審訂注：這是一類體型只有二十公分左右、分布在中南美洲帶有爪子的小型猴子。

一次遠征便犯下這個錯誤，雖然攜帶各式各樣的裝備，卻沒有帶現成的籠子，因為我以為時間充裕，可以當場做，結果第一批動物湧入，搞得我們人仰馬翻，日夜趕工造箱籠，好不容易替所有動物都找到合適的家，第二批動物緊跟著抵達，我們又回到起點，一團混亂。有一段時間，我總共在行軍床四周用繩子綁了六隻動物。有那次經驗之後，每次遠征我必定採取預防措施，準備許多折疊式籠子，裝在行李裡，這麼一來，無論出現任何狀況，至少不必憂心頭四、五隻動物的裝籠問題。

我將為此次遠征特製的其中一個籠子架設起來，在裡面鋪滿乾燥的香蕉葉，然後輕輕把那隻長毛獴送進籠裡——這次非常小心，不讓牠再咬我。牠站在籠子中央用發亮的小眼睛打量我，抬起一隻小巧玲瓏的爪子，開始憤怒尖叫，一聲接一聲，不停地叫。那叫聲的穿透力之強，叫得我們耳膜發脹、全身發痛。情急之下，我抓起一大塊肉，丟進籠裡。長毛獴立時撲過去，猛烈地甩那塊肉，確定它已經死了，便叼起來走到角落裡坐下來開始吃——但仍繼續對我們尖叫，不過至少現在牠嘴巴裡塞了東西，叫聲被悶住，音量也降低不少。我把牠的籠子擺在黑腿臭獴蒂奇的籠子旁邊，坐下來看牠們。

乍看之下，沒人能想像這兩種動物居然有血緣關係。黑腿臭獴仍是個寶寶，身長卻已達六十公分，站立時肩高二十公分，臉鈍鈍的，像隻狗，鼓突的圓眼珠是黑色的；身體、頭及尾巴都是極美的乳白色，細長的腿則是近乎黑色的深棕色。牠全身線條流暢、修長健美，讓我想起皮膚柔細、窈窕迷人的巴黎女人，一絲不掛，只穿一雙黑絲襪。長毛獴恰恰相反，看起來絕不像巴黎女人！包括尾巴，牠身長僅二十五公分，臉小而尖，粉紅色的小鼻子圓圓的，閃閃發亮的小眼睛是雪莉酒的顏色，一身濃密的長毛全是深咖啡色，夾雜一些薑紅色斑紋。

蒂奇天生是個貴婦人，她隔著籠條目不轉睛地瞅著那隻初來乍到的新鄰居，臉上的表情只能用「震驚」兩字描述。長毛獴一邊啃那塊血淋淋的生肉，一邊悶聲嘟嘟囔囔埋怨，不時再尖叫兩聲。蒂奇進食時非常秀氣又挑剔，可能根本無法想像這般粗魯沒教養的吃相，嘴巴裡還塞著食物就大吼大叫，而且一副窮凶餓極的饞相，彷彿一輩子都沒吃過一頓像樣的正餐似的。蒂奇觀察侏獴一會兒，輕蔑地嘖嘖鼻息，優雅地轉了兩、三圈之後，躺下來睡著了。侏獴呢，完全不在乎鄰居對自己的反應，繼續一邊尖叫、一邊大聲咀嚼剩下來最後一小塊血淋淋、爛兮兮的肉。等牠把最後一丁點也吞下肚子，再把四周地板仔細檢查一遍，確定沒有遺漏任何能吃的東西之後，坐下來用力搔了一會兒癢，這才蜷起身，也睡了。大約一個小時之後，我們把牠叫醒，想替牠錄音做紀錄，牠在暴怒之下，尖叫聲的威力逼得我們不得不把麥克風移到陽臺另一端最遠的角落。等到黃昏來臨，我們不僅錄到侏獴的叫聲，也錄到蒂奇的叫聲，而且把帶來的器材百分九十五都拆包放妥了。我們洗了澡、換了衣服、吃完晚餐，感覺非常滿意。

晚餐後，我們手挽一瓶威士忌及大量香菸，提一盞壓力燈，朝國王的別墅走過去。溫暖的夜空裡瀰漫燃燒木柴與陽光烤土的氣味，令人感覺睡意朦朧，蟋蟀在路肩的草叢

裡尖聲唱，發出丁丁的金屬聲，狐蝠在別墅寬廣中庭四周種的果樹裡拍擊翅膀、叭叭吵嚷；國王的一群兒女在中庭裡圍成一個圈，站著擊掌、反覆吟誦，彷彿在玩某種遊戲；遙遠的樹叢後傳來一支小鼓的聲音，規律如心跳。我們穿越國王妻眾如迷陣般的小屋，每一棟屋子都發出烹煮食物的紅熱火光，每一棟都飄出烤山藥、炒大蕉或燉肉的香味，或是鹹魚的腥臭味。終於，我們來到國王的別墅前，他站在臺階上歡迎我們，龐大身影在昏暗的夜色中若隱若現。和我們握手時，他的袍子唰唰磨擦著。

「歡迎、歡迎，」他眉開眼笑地說，「走，我們進去裡面。」

「我帶了威士忌，好讓我們的心快樂快樂。」進屋時我揮舞著酒瓶說。

「哇！好，好，」國王咯咯笑著說，「威士忌這是好東西，讓男人很快樂！」

今晚他穿一件極美的猩紅配黃色的長袍，在柔和燈光映照下好似一張虎皮，煥發出光熱；一隻細長的手腕上戴一只雕工極美的厚重象牙手鐲。入座之後，眾人默默對斟第一杯酒的鄭重儀式行注目禮，等人手一杯裝得半滿的純威士忌酒，國王轉過來面對我們，咧嘴露出一個淘氣的笑容。

「開—心—喲！」他舉杯說，「今晚我們會有快樂時光！」日後賈姬和我記憶深刻的「宿醉之夜」，於焉開始。

威士忌酒瓶裡的酒逐漸下降，國王再一次敘述他赴奈及利亞的經歷，告訴我們那裡有多熱、他流了多少汗，又再一次對女王讚不絕口。如他所說，他在自己的國家都熱得受不了，女王職責所在，工作量比他至少多出兩倍，看起來卻永遠清涼迷人。國王由衷地對女王讚賞有加，令我有些驚訝，因為在國王出身的社會裡，女人雖然用處大，地位卻跟役畜差不多。

奈及利亞的話題聊完了，國王問賈姫，「妳喜歡音樂嗎？」

「喜歡，」賈姫答道，「我非常喜歡。」

國王對她瞇瞇笑。

「你記得我的音樂嗎？」他問我。

「我記得。你的音樂了不起，我的朋友！」

國王拉長聲音，狂嗥一聲。

「你在你的書裡寫了我的音樂，欸？」

「對，沒錯。」

「還有，」國王切入正題，「你寫了我們跳舞、有快樂時光，欸？」

「對……我們跳過全部的舞，好舞！」

「你喜歡我秀給你太太我們巴福特跳的舞嗎？」他用一根極長的食指指著我問。

「喜歡，我太喜歡了！」

「好、好……走，我們去跳舞廳。」說罷起身站直，顯得莊嚴又雄偉，接著打了一個嗝，抬起一根細長的手，掩住嘴巴。他的兩位妻子本來安靜坐在後面，這時趕忙跑過來，端起裝酒的托盤，小跑步抄到前方。國王領我們走出他的別墅，穿過大院，朝跳舞廳走過去。

跳舞廳是一棟巨大的四方形建築，有點像一般英國鄉村的村公所，但地是泥土地，而且整棟建築窗子很少、也很小。室內一邊擺了一排柳條編的扶手椅，算是皇家特區，椅子後方牆面上掛滿皇室家族成員的照片。我們一踏進舞廳，國王的妻子們——大約四、五十位吧——即發出當地的歡迎聲——一種刺耳的怪異啼聲，她們一邊尖叫，一邊用手蓋在嘴上，不斷拍打，聲音之大，震耳欲聾；列席參加的內閣官員們身穿亮麗長袍，也跟著拍手，使得現場更加嘈雜。耳朵幾乎被震聾的賈姬和我分別被安置在國王兩旁的椅子上，國王坐中間。擺酒的桌子被端過來放在我們面前，國王往椅背上一靠，開心地審視我倆，對我們咧嘴笑。

「現在我們來有快樂時光。」他傾身向前，從一瓶剛打開的威士酒瓶裡又替每個人倒了大半杯。

「開—心—喲！（chirrio）」國王敬酒。

「請—請（chin-chin）！」我漫不經心地說。

「吶，那是什麼？」國王極感興趣地問。

「什麼？」我不解地問。

「你說的這個話。」

「噢，你是指『請—請』？」

「對、對，這個！」

「只不過是敬酒時說的話。」

「吶，跟『開—心—喲』一樣一樣？」

「對！一樣一樣。」

他靜默半晌，嘴唇在動，顯然在比較這兩個敬酒辭哪個比較好。然後他再度舉起酒杯。

「醒─醒！（shin-shin）」國王說。

「開─心─喲！」我回。國王倒回椅子上，發出一陣狂笑。

這時樂隊抵達。樂手為四名年輕人及兩位王妃，樂器則由三個鼓、兩支笛子及一只裝滿乾燥玉米的葫蘆組成；葫蘆能發出好聽的沙沙聲，效果類似馬林巴木琴。樂隊在舞廳角落安頓下來，像在試音似地敲出一輪鼓音，他們盯著國王，等待指示。只見國王笑罷，突然語氣一變，跋扈地大喝一道指令，他的另外兩名妻子立刻將一只小桌放在舞池中央，再在桌上擺一盞壓力燈。鼓聲再度響起。

「我的朋友，」國王說，「你記得你以前來巴福特，你教我歐洲人跳的舞，欸？」

「是，」我說，「我記得。」

國王指的是有一次他辦晚會，我在國王熱情招待下酒足飯飽之後，教他及他的內臣、妻眾跳康加舞，賓主盡歡，每個人都玩瘋了。時隔八年，我以為國王早已忘記。

「我給你看。」國王眼睛發光，又大聲下達一道命令，約二十位王妃依令出列，曳足走到舞池當中圍成一圈，把桌子圍在中間，每個人都用雙手緊緊抓住前面那人的腰部，一起往下蹲，做出個奇怪的姿勢，有點像賽跑選手等在起跑點上。

「她們打算幹嘛啊？」賈姬對我耳語。

我看著她們，心中升起一股按捺不住的興奮感。「我相信，」我像在做夢地說，「自從我離開之後，他一直命令她們跳康加舞，現在即將示範給我們看。」

國王舉起巨大的手掌，樂隊立即開始熱烈演奏一首明顯具有康加節奏的巴福特樂曲。國王的妻眾仍以那奇怪的蹲踞姿勢，開始圍著那盞燈繞圈圈，每逢第六拍，一圈黑腳即往上踢，王妃們個個全神貫注，眉頭緊蹙，但效果好極了。

「我的朋友，」我感動地說，「吶，你做得真好。」

「妙極了，」賈姬也激動地同意，「她們跳得真好。」

「吶，這是你教我跳的舞。」國王解釋。

「是，我記得。」

他轉過去咯咯笑著對賈姬說：「這個男人，妳丈夫，他夠力……我們跳舞、我們跳舞、我們喝酒……哇！我們有快樂時光！」

樂團參差不齊地停止演奏，國王妻眾在掌聲中羞赧微笑，從蹲踞的姿勢站直身體，返回剛才牆邊的位置。國王大喝一道命令，有人抱進一只裝滿棕櫚酒的葫蘆，分別獎勵每一位舞者，領獎的人捧起雙手，酒就倒在她們掌心裡。國王看見這一幕，又突然記起，再一次把我們的酒杯斟滿。

「是，」他繼續回憶往事，「這個人，妳丈夫，他夠力！跳舞、喝酒，都夠力！」

「我現在沒力了，」我說，「我現在老了。」

「不，不，我的朋友，」國王笑著說，「我老，你年輕！」

「你現在看起來比我上次來巴福特還年輕！」我真心地說。

「那是因為你有很多老婆。」賈姬說。

「哇！不！」國王震驚地說，「我的老婆讓我太累太累。」

國王臉色陰鬱地掃視沿牆站立的一大排女人，啜了一口酒說，「我老婆她們哄騙我太多太多。」

「我丈夫也說我哄騙他。」賈姬說。

「妳丈夫抓到好運了。他只有一個老婆，我有太多，」國王說，「她們常常哄騙我。」

「可是老婆有用欸。」賈姬說。

國王懷疑地望著她。

「沒老婆，就不能有小孩……男人不會生小孩！」賈姬很實際地說。

國王聽了爆笑，而且笑個不停，我真怕他會突然中風。他躺在椅子裡笑得哭出來，過了一晌才坐起來，擦乾眼淚，想想又大笑一陣，笑得全身猛晃。「這個女人你老婆，有腦袋，」他咯咯笑著說，又慷慨地把賈姬的酒杯斟滿，算是嘉獎她有智慧。「妳當我老婆不錯，」他慈愛地拍拍賈姬的頭說，「醒—醒！」

剛才樂手們不知為什麼神祕的差事離開舞廳，此時揩著嘴巴回來了，一個個看起來像剛補給過燃料，精神抖擻地開始演奏我最喜歡的一首巴福特樂曲：蝶舞。這是一支抑揚頓挫、非常動聽的小曲。國王的妻眾再度走到舞池中央，排成一列，隨音樂起舞，手腳動作皆細緻繁雜；接著最前面兩位把手拉起來，最後面那位不斷旋轉前奔，然後往後倒，讓拉手的兩位接住她、把她往回甩、讓她再站直。舞曲逐漸進入高潮，節奏變快，那位代表蝴蝶的舞者愈轉愈快，拉手的那兩位也愈來愈用力地甩她。當舞曲達到高潮，國王在觀眾尖叫歡呼聲中極具威儀地從扶椅站起身，走到他妻眾行列的最後面，加入舞蹈。他開始旋轉，朝行列前方移動，一邊高聲唱出那首小曲的歌詞，身上猩紅與黃色的袍子變成一片模糊的鮮豔顏色。

「我跳舞、我跳舞、沒人能阻止！」他開心地唱道，「要小心，要小心，別像蝴蝶，跌倒在地！」

國王像一只大陀螺，旋轉經過一排王妃，他一個人的歌聲蓋過所有人的聲音。

「上帝慈悲，我祈禱她們接得住他。」我對賈姬說，目光卻停留在最前面兩位又矮又胖的王妃臉上。她倆手拉著手、神情緊張地等待接住自己的主子。

國王既猛又快地轉了最後一圈，用力向後一倒，兩位妻子還算俐落地接住他，但衝擊力太大，兩人同時向後踉蹌退了一步。國王在往後倒下的當兒張開雙臂，有好一陣子那兩位妻子完全被他的長袍寬袖給遮住，根本看不見。國王躺在那兒，看起來還真像一隻超級巨大、五彩斑斕的大蝴蝶。他懶洋洋地躺在妻子的臂彎裡，對我們擠眉弄眼笑，頭上的軟帽稍稍歪了。兩位王妃卯足勁兒用力一甩，讓他重新站好。國王咧嘴一笑，氣喘吁吁地走回我們身邊，用力倒回自己的椅子上。

「我的朋友，吶，這個舞跳得好，」我佩服地說，「你夠力，了不起！」

「是的，」也被這場表演折服的賈姬表示同意，「你很夠力！」

「吶，這個舞好！很好！」國王咯咯笑著說，不假思索地又替每個人加滿酒。

「巴福特這裡還跳一種舞我太喜歡了，」我說。「你們拿著馬毛毛跳的那一支。」

「噢，我知道那支，」國王說。「我們拿馬尾跳的那一支。」

「對了。有時表演給我太太看好嗎，我的朋友？」

「好，好，我的朋友。」國王說罷即傾身向前下達命令，一位妻子立刻快步跑出舞廳。國王轉頭對賈姬微笑。

「少少時間他們去拿馬尾，然後我們去跳舞。」他說。

過了一會兒，那位王妃抱了一大把像絲般光滑的白色馬尾毛回來，每束約六十公分長，末端塞入用皮條編織而成極美的柄；國王用的那束馬尾特別長、色澤特別美，皮編的把手還染成金、紅、藍三色。國王拿起他的馬尾先試試，只用手腕慵懶又優雅地輕輕甩一甩，那束白毛便在他前方飄起來，像一團雲霧、又像一片微波細浪。二十位王妃人手一束馬尾走到舞池中央，圍成一圈，國王走過去站在圓圈中間；他揮一揮馬尾，樂團開始演奏，舞蹈開始。

所有巴福特的民族舞蹈中，這支馬尾舞無疑最美、又最性感。樂曲的節奏奇特，小鼓持續以唐突的斷音敲擊，大鼓在背景裡隆隆沉吟、喃喃低語，竹笛尖厲鳴囀，唱出主旋律，彷彿和鼓聲毫無關係，卻又和鼓聲完美配合、水乳交融。國王的妻眾隨音樂旋律以順時鐘方向繞行，步伐小巧，整齊畫一，同時各自緩緩旋轉身體，並用馬尾在自己的臉前面左右輕甩；國王以反時鐘方向在圓周內繞行，以一種僵硬、彷彿全身關節都脫臼了似的怪異姿態，不斷跺腳、轉身、上下跳動，同時他的手腕以神乎其技的柔軟動作，令他手中的那束馬尾以一系列複雜又迷人的流暢線條在空中不斷飄動。整體效果非常怪，很難用言語形容：上一分鐘舞者像一片白色的海草在緩緩逐浪波動；下一分鐘國王開始雙腿僵直地跺腳、旋轉，彷彿一隻披著白色羽毛的奇怪公鳥，在一圈母鳥中間全神貫注地跳一段求偶舞。觀看這場節奏緩慢的孔雀舞，凝望白色馬尾不斷優雅飄動，具有一種奇異的催眠效果，即使當最後一輪鼓聲宣示舞蹈已結束，你彷彿仍看見一束束白尾巴在眼前揮動、混成一片。

國王優雅地穿越舞池，朝我們走回來，一邊漫不經心地轉動他的馬尾巴，然後一屁股坐進椅子裡，有點上氣不接下氣地對賈姬笑。

「妳喜歡我跳的這支舞嗎？」他問。

「這支舞真美，」她說。「我真喜歡。」

「好，好，」國王高興地說，然後滿懷希望地傾身檢視那瓶顯然已空空如也的威士忌酒瓶。我極有技巧地故意不提我在休憩館裡還有威士忌。國王瞅著空酒瓶，喪氣地指出：

「威士忌沒有了。」

「對。」我不幫他。

「好吧，」國王不服輸地說，「那我們去喝琴酒。」

我的心往下一沉；本來指望接下來可以喝點淡酒，譬如啤酒，鎮壓一下連續喝大量純烈酒的身體反應，看來這希望要落空了。國王對其中一名妻子咆哮一聲，她立刻跑出去，很快拿來一瓶琴酒和一瓶苦精[15]。國王喝琴酒的方式，是先倒半杯琴酒，再加苦精令琴酒變成深褐色，結果呢？保證可以讓一頭象走二十步便一命嗚呼。賈姬一看到國王替我調的特製雞尾酒，立刻請退，宣稱醫生交代她不能喝琴酒。國王雖然明顯對居然會提出這種建議的醫生評價極低，仍極有修養地接受了。

樂隊又開始演奏，大家湧入舞池，或成雙成對、或獨自起舞。樂曲的節奏剛好合適，賈姬和我也站起來繞著舞池跳一支狐步舞，國王看得不斷大吼，以示鼓勵，眾王妃也開心地吹哨尖叫。

「好！好！」每次我們從國王前面掠過，他便大叫。

「謝謝你，我的朋友！」我一邊大叫回應，一邊小心帶賈姬穿過一大群穿各色長袍、彷彿一片花海的內臣。

「拜託你不要一直踩我的腳好不好！」賈姬哀求。

「對不起，我的方向感到晚上就會變得很差。」

「我注意到了。」賈姬尖酸地說。

「妳何不跟國王跳跳舞？」我問。

「我有想到，可是不確定區區一個女人去請他跳舞，是否妥當。」

---

15 bitters，是一種濃縮的藥草酒，味道不一定都是苦的，在杜瑞爾的時代很流行調到烈酒裡加味。

「我看他高興都來不及呢。下一支舞請他跳吧。」我建議。

「我們能跳什麼舞呢？」賈姬問。

「教他再學一種拉丁美洲的舞，」我建議。「古巴倫巴舞！如何？」

「這麼晚了，我覺得森巴舞會比較容易學。」賈姬說。舞曲結束後，我們走回國王椅子旁，他坐在那兒正在替我倒酒。

「我的朋友，」我說，「你還記得以前我來巴福特教你跳的歐洲舞嗎？」

「記得、記得，很好的。」他眉開眼笑地答道。

「我太太想跟你跳舞，再教你跳別的歐洲舞。你同意嗎？」

「哇！」國王開心大吼，「好，好，你太太教我。好，好，我同意。」

經過研究，我們找到一首樂隊會演奏、且帶點森巴節奏感的曲子。賈姬和國王站起身，舞廳裡每個人都屏息以待。

國王身高一百九十公分，賈姬才一百五十五公分，他們倆一起站在舞池中央形成的鮮明對比，差點讓我嗆得噴酒。賈姬很快把森巴的基本舞步示範給國王看，國王居

然立刻就學會了，令我驚異。國王接著把賈姬摟進懷裡，兩人便翩翩然舞將起來。我覺得最有意思的是當國王把賈姬緊緊抱在胸前，他飛舞的袍子幾乎把賈姬整個人遮蓋住，有時旁觀者完全看不見她，彷彿國王一個人在跳舞，只不過他多長出一雙腳，非常神祕。我還感覺他們倆跳舞有點怪怪的，但我說不出來哪裡怪，看了半天才突然意識到，原來是賈姬在帶國王跳，性別對調了。當他們經過我面前時，兩個人都對我咧嘴笑，顯然兩個人都很開心。

「你跳得好，我的朋友，」我大叫。「我太太教你教得好！」

「是、是，」國王在賈姬的頭頂上方咆哮。「吶，這支舞好。你這老婆做我的老婆不錯！」

跳了半個鐘頭之後，他倆終於又熱又累地回來坐下。國王喝下一大口純琴酒，恢復元氣，然後往我這邊靠過來。

「你這老婆好，」他聲音沙啞地對我耳語，可能怕賈姬聽到他讚美立刻蹦起來。「她跳得好，她教我也好。我去給她喝泯波……特別的泯波我去給她喝。」

我探身去看賈姬，她對等在前面的命運渾然不覺，正坐在那兒搧扇子。

「我們的主人對妳印象絕佳。」我說。

「他真是個老可愛，」賈姬說，「而且他有舞蹈天才……你沒看到他一下子就學會森巴舞步了?!」

「對，」我說，「妳教他跳舞，他非常開心，開心到要獎賞妳。」

賈姬一臉狐疑地瞅我。「他要怎麼獎賞我？」

「他即將賞妳一葫蘆特製的泯波……棕櫚酒！」

「老天爺！我沒辦法忍受那種酒。」賈姬萬分驚駭地說。

「沒關係。妳就倒一杯，嚐一點，跟他講那是妳嚐過最棒的泯波，然後請他讓妳跟他的眾老婆們分享。」

有人拎來五個葫蘆，每個葫蘆嘴裡都塞了綠葉。國王嚴肅地每葫都嚐一口，慎重其事選出年分特優的那一壺，杯子拿來之後，斟滿了賞給賈姬；賈姬努力召喚所有她曾經受過的社交禮儀訓練，喝了一口，先在嘴裡轉一圈，吞下去，然後臉上露出極滿足的表情。

「這泯波太好了。」她喜出望外地宣布，彷彿剛嚐到一杯拿破崙白蘭地。國王聽了笑顏逐開，繼續密切觀察她，於是賈姬又啜了一口，表情顯得更開心了。

「這泯波是我嚐過最棒的泯波。」賈姬說。

「哈！好！」國王愉快地說。「吶，這是好泯波。吶，新鮮的。」

「可以讓你的太太們跟我一起喝嗎？」賈姬問。

「可以，可以！」國王極具權威地揮揮手，眾王妃們羞赧笑著曳足走上前來，賈姬趕緊將剩餘的泯波全倒在她們粉紅色的手掌心裡。

此刻琴酒瓶裡的酒已消失大半，令人驚懼，我很快瞄一眼自己的錶，驚惶地發現再過兩個半鐘頭天就要亮了。我以明早工作繁重為由，向國王告罪請退。國王堅持由樂隊前導，陪我們走到休憩館的臺階底下。走到臺階前，他慈愛地擁抱我們。

「晚安，我的朋友。」他跟我握手。

「晚安，」我答道。「謝謝你。給了我們快樂的時光。」

「是的，」賈姬說，「非常感謝你。」

「哇！」國王拍拍她的頭。「我們跳舞跳得很好。你當我的老婆不錯，欸？」

我們目送他穿過寬廣的中庭。身穿長袍的他顯得修長優雅，走在他身旁的小男孩手提一盞燈，在他周圍投下一圈金色光影。他們消失在錯落如迷陣的小屋之間，嗚囀的笛聲與鼓聲逐漸變弱，終歸寂靜，最後只聽見蟋蟀與樹蛙的歌唱及狐蝠微弱的叭叭呱噪聲。當我們鑽進蚊帳時，遠處傳來一陣雞鳴，那隻公雞的嗓子聽起來有點沙啞，而且彷彿還沒真的睡醒。

一封來信

我的好朋友，

大家早安。

收到你給我的短信。了解。

我的咳嗽稍微好些，但還沒全好。

我同意讓你從今天開始租用我的路虎越野車，按週付租金。在此提醒你，從今天開始，路虎就交給你管，不過我若被叫去恩道普或去巴門達開會，或有任何緊急狀況，將通知你，那一天讓我用車。

我還要提醒你，上次你來租我的路虎，租金還沒付清。

你的好朋友

巴福特國王

第四章

箱子裡的牛肉

Beef in Boxes

鮑伯和蘇菲抵達巴福特之後，我們立刻重新安排陣容已經不小、而且仍在持續擴充的動物蒐藏。環繞國王休憩館整個二樓的陽臺寬闊蔭涼，被畫分為三區：爬蟲區、鳥類區和哺乳動物區；我們每個人負責照顧一區，誰的工作先做完，即可去別區幫忙。每天一大清早，大家穿著睡衣在走廊上踱來踱去，仔細觀察每一隻動物，確保牠們無恙。只有每天留心例行觀察，才可能熟悉你照顧的動物，也才可能在別人都覺得牠們看起來很健康、正常的情況下，察覺出最輕微的病兆。檢查之後，接著清洗籠子，餵那些比較嬌貴、一刻都不能等待的動物（例如太陽鳥〔sunbird〕，天一亮就必須立刻吃到花蜜；或是動物寶寶，大清早就必須喝一瓶奶），然後休息一下，吃早餐。進餐時彼此交換情報，討論自己管理的動物狀況；這類談話的內容一般人肯定無法消受，必定倒足胃口，因為內容都在討論動物的大便。野生動物若出現拉肚子或便祕情況，通常表示你餵牠們的東西不對，而且可能是第一個（或唯一的）病兆。

遠征蒐集動物途中，取得動物其實是最輕鬆的一項工作。一旦當地人聽說你願意出錢購買活的野生動物，各種動物將如潮水般湧入；當然，其中百分之九十都會是最普通的動物，不過偶爾也有些珍奇動物。如果你想蒐集某種非常稀罕的動物，一般都得自己出馬去捉。在你尋找動物期間，當地人肯定會把常見的當地動物源源不絕送來。因此有一點幾乎可以確定：獲得動物相當容易，真正困難的是不失去牠們。

每次得到一隻新的動物，你最大的挑戰，不是那頭動物被捕捉後驚魂未甫的狀態；而是牠因為被捉，必須接近你——而你正是牠眼中最可怕的敵人。很多野生動物可以適應圈養，而且可能適應得很好，卻永遠不願意親近或接納人類。這是你必須克服的第一個障礙。想克服它只有一個方法，就是用耐心和愛心等待。或許，突然有一天，很可能沒有任何預兆，那頭動物會走過來，接受你用手餵給牠的食物，或者讓你搔搔牠耳朵後面、替牠摳摳癢。碰到那樣的時刻，你會感覺所有的等待都值得。

餵食當然也是最大的挑戰之一。除了必須具備豐富的知識，清楚哪一種動物在野外會吃哪一種東西之外，萬一無法取得天然食物，你必須找出可以取代的食物，然後教你的動物去吃取代性食物。另外，你還得迎合及滿足同種動物個體的特殊喜好；有時牠們的好惡可能天差地遠！我曾經養過一隻嚙齒動物，牠不肯吃任何正常的嚙齒動物食物，像是水果、麵包或蔬菜等等，卻連續吃了三天義大利麵！還有一次我養了五隻猴子——同樣的年齡、同一種猴類，卻各有各的怪癖，而且怪到極點！其中兩隻非常愛吃白煮蛋，另外三隻卻非常怕那白色的怪東西，碰都不敢碰，倘若你把那恐怖的東西放進牠們籠子裡，牠們會立刻驚懼尖叫。然而這五隻猴子都極愛吃柳橙；其中四隻會仔細剝皮，隨即把皮丟掉，剩下那一隻也會仔細剝皮，但牠會扔掉果肉，然後吃皮！當你蒐集到的動物數量多達數百隻，每一隻都有特殊好惡，而你因為希望牠們健康快樂，總是想盡辦法去滿足牠們的欲望，結果就是有時候你覺得自己快瘋了。

遠征蒐集動物總有許多煩人又挫折不斷的工作項目，其中最煩人、挫折最多的工作，無疑是親手餵養動物寶寶。首先，動物幼崽通常都很笨，不懂得用奶嘴吸奶；還有什麼景象比在濕漉漉的溫牛奶泥淖中與動物寶寶掙扎更難看、更不吸引人呢？其次，動物寶寶需要保溫，尤其是夜裡，這意味著（除非你讓牠們跟你一起睡，通常這也是唯一的辦法）你必須在夜裡起床好幾次，燒水重灌熱水袋。白天辛苦工作一整天，半夜三點還得爬起來灌熱水袋，這樣的工作很快就會失去魅力。最後，所有的動物寶寶腸胃都非常嬌，你必須密切注意牠們的反應，一刻都不能鬆懈，務必確保你為牠們調得牛奶既不太濃、也不太稀。奶沖得太濃，牠們容易得腸胃炎，甚至導致間質性腎炎，那會要牠們的命；奶沖得太稀，牠們的體重會減輕，身體變弱，容易感染各種致命的併發症。

和我的悲觀預測相反，黑耳紅頰松鼠幼崽小松杵適應良好，變成一隻模範寶寶。白天，她躺在厚厚一層棉花上，不時輕輕抽搐幾下；她的棉花床架在一個熱水袋上，安放在一只很深的金屬餅乾盒底；每天晚上我們把餅乾盒搬到床旁邊，再用一盞紅外線電熱器照射加熱。小松杵幾乎立刻讓我們意識到她的意志力堅強，雖然她只有一咪咪大，卻能製造巨大的噪音；她的哭聲是一連串快速的咯咯聲，非常吵，就像一只響個不停的廉價鬧鐘。她才來不到二十四小時，便懂得何時應該有奶喝，只要我們遲了五分鐘餵奶，她立刻開始咯咯叫個不停，聲音尖厲，不停顫抖，直到我們趕忙送食物過去才停止。小松杵張開眼睛的那天，首次看見她的養父母及這個世界，但她同時遭遇一個挑戰：那天湊巧我們又沒準時去餵她，因為吃完午餐後我們沒有立刻離桌，還繼續坐著討論一些重要問題，把小松杵忘得一乾二淨。後來我突然聽到背後傳來一陣細微的腳步聲，轉身去看，赫然發現小松杵居然蹲在餐廳門口地板上，帶著一臉氣憤的表情。她一看見我們，立刻像一只鬧鐘大聲作響，同時衝過地板，氣喘咻咻爬上賈姬的椅子，再跳到她肩膀上，坐在那兒不停地上下晃動尾巴，對準賈姬的耳朵猛叫。

對一隻松鼠寶寶來說，她等同完成了一項壯舉。首先，她的眼睛才剛睜開，居然就能夠爬出那只餅乾盒，走出我們堆滿攝影器材及膠捲底片的臥室，再從陽臺的另一頭走到這一頭，經過一長串獸籠，籠裡關了各種危險的野獸，最後在陽臺盡頭的餐廳裡找到我們（應該是循聲）：她穿越了六十五公尺長的陌生地帶，克服無數險境，只為了告訴我們她餓了。不用說，所有人都大大讚美表揚她一番，更重要的是她吃到午餐了。

小松杵眼睛睜開之後，很快便長大發育成我所見過最漂亮的松鼠。她橙色的頭和鑲著黑邊的小巧耳朵，把她烏黑的大眼睛襯托得特別明亮，圓胖的身體閃著苔綠色的光澤，讓身側那兩條白斑愈發突顯，彷彿嵌在黑暗馬路上的兩排貓眼。不過她最漂亮的地方是她的尾巴：又長、毛又濃密，上半部為綠色，下半部是鮮橙色，看起來美極了。她喜歡坐下來把尾巴貼在背上呈弧形，尾巴尖恰好掛在她的鼻尖上；然後她會不時輕彈一下，畫出波浪型的線條，就像過堂風不時搖曳一支蠟燭的燭焰一樣。

小松杵長大後仍睡在我床邊的餅乾盒裡，她每天一早就醒來，發出她音量奇大的叫聲，然後跳出餅乾盒，跳到我或賈姬的身上，鑽進被單裡和我們一起睡，花十分鐘調查我們半昏迷狀的身體各部分後，跳下地，跑去陽臺上探索。通常她會從這些考察之行帶回一些寶貝（譬如一截爛香蕉、一片枯葉或一朵九重葛的花），藏在我們床裡；我們若把她帶回來的禮物丟到地上，她就會非常生氣。這樣過了幾個月之後，有一天我決定小松杵也必須和別的動物一樣，住進籠子裡；因為那天早上我突然被痛醒，發現小松杵正想把一粒花生塞進我耳朵裡。她在陽臺上找到這麼一粒美食之後，顯然認為僅僅把它藏在我床裡還不夠安全，我的耳朵是更保險的藏寶洞。

我們在伊休比附近捕到的那隻尖爪嬰猴「凸眼」，也成為我們的寶寶。雖然捉到她的時候她已經斷奶，但她很快就變得非常溫馴，變成我們最寵愛的動物之一。就體型比例來看，她的手腳出奇大，手指腳趾又細又長，每次我們放一隻蛾或蝴蝶在她籠裡，便有場滑稽秀可看，是件極開心的事。她會在籠裡人立，跳來跳去追逐飛蟲，巨掌高舉，彷彿看見某種極恐怖的景象，凸眼圓睜，像快要從頭裡掉出來似的。抓到之後，她會坐下來用粉紅色的雙手緊緊抓住飛蟲，睜大眼睛、非常激動地瞪著蟲子瞧，像是不敢相信這樣的東西居然會從她手裡冒出來。接著她會把飛蟲一下子塞進嘴裡，繼續坐在原處，但臉上多了一道不停搧動的蝶翅鬍鬚，鬍鬚上方那一對巨眼仍充滿驚異地凝視我們。

凸眼讓我窺見嬰猴的一項特殊習性；儘管之前我養過無數嬰猴，慚愧的是我從未注意過。有一天早晨，我觀察她從巢箱裡蹦出來，先吃一把麵包蟲，再順便清理一下自己的皮毛。前面說過，她有兩片像花瓣的大耳朵；這兩片耳朵非常薄，幾乎透明，很可能為了預防這兩片耳朵在野外遭到撕扯、損傷，嬰猴會把這兩片耳朵緊緊貼住頭兩側，就跟帆船遊艇上捲起來的帆一樣。若仔細觀察，你就會明白耳朵對她的重要性；再細微的聲音她都聽得見，而且她的耳朵像雷達一樣，會倏地轉向聲源。我早就注意到她花很多時間清理和搓揉自己的耳朵，但那天早晨是我第一次從頭到尾觀察整個過程，結果大受震撼。她先坐上一根樹枝，一邊細緻地清理自己的尾巴，一邊神情迷離地發愣。她仔細把毛一根根撥開，像一位在替自己編辮子的小女孩，確定毛沒有打結、也沒纏住。然後她把一隻巨大如木偶般的手放在自己的屁股下面，屙了一滴尿在手上，接著全神貫注地先搓搓手，再開始把尿塗在耳朵上，動作跟男人抹髮油一模一樣；然後她又接了一滴尿，仔細擦在自己的腳掌和手掌上。我坐在她旁邊，看得目

瞪口呆。

我連續觀察她三天重複同樣的程序，才確定那不是幻覺，因為我從來沒看過這麼怪異的動物行為。至於這個行為的目的，我只能猜測這種動物的生存嚴重倚賴聽力，她的耳朵又這麼薄、這麼脆弱，除非耳朵和皮膚一直保持溼潤，否則不可避免將乾裂，後果可能致命。同樣的，她腳掌和手掌的皮膚也很細，不過用尿潤滑手掌腳掌還有另一個好處；嬰猴的腳掌和手掌都略呈碗狀，當牠們在樹枝間跳來跳去，手掌和腳掌就像樹蛙的腳趾，具吸盤的作用，若用尿液塗抹，保持溼潤，「吸盤」效果更佳。後來我們在遠征途中蒐集到許多隻西倭嬰猴（Demidoff's bushbaby，嬰猴科中最小的成員，體型和老鼠一樣小），我發現牠們全有這種習性。

對我來說，這正是我在遠征蒐集動物過程中最喜歡的一點——可以每天與動物親密接觸，近距離觀察學習，然後把觀察所得記錄下來。每天、幾乎每個時刻，動物群中都有新鮮有趣的情況發生；接下來的幾篇日記，足以顯示我們的生活每一天都被新任務與新發現所填滿：

二月十四日：來了兩隻紅猴（patas monkey），兩隻手指及腳趾都嚴重感染沙蚤；必須切開、摘除沙蚤，並注射盤尼西林，預防感染。麝香貓寶寶第一次展示成年動作，在我突然接近她籠子時，豎起背上的鬣毛，同時大聲吸鼻子，這種嗅聞聲和她平常嗅聞食物的聲音比起來低沉許多，穿透力也強許多。新來一隻很大的睫眉蟾蜍（*Amietophrynus superciliaris*），患了奇怪的眼疾；一隻眼球後面長了一個應該是惡性的瘤，那隻眼睛因此瞎了，瘤自頭部突出，看起來就像那隻蛤蟆一隻眼睛上方綁了一只氣球似的。牠似乎不覺得難受，所以我沒嘗試去摘除那個瘤——是誰說動物在野外都無憂無慮、快樂無比的？

二月二十日：經過多次失敗的實驗，鮑伯終於發現壯髮蛙（*Trichobatrachus robustus*）吃什麼了：蝸牛！之前我們試過老鼠幼崽、雛鳥、蛋、甲蟲、甲蟲的幼蟲、蝗蟲……全部失敗。牠們卻樂意大啖蝸牛，帶活蛙返回英國的希望因此大增。西倭嬰猴似乎突然全感染上間質性腎炎，今早發現兩隻尿得全身濕透，像從水裡撈出來似的。已經把奶再稀釋些，或許給牠們的奶沖太濃了；同時在牠們的食物裡多加一點昆蟲。五隻西倭嬰猴寶寶喝康普蘭牌奶粉沖泡的奶卻很適應、長得很好，非常奇怪；康普蘭奶粉沖出來的奶很濃，若成猴喝了生病，照理說幼崽喝了也應該生病啊？

三月十六日：來了兩條很棒的眼鏡蛇，一條一米八，一條約六十公分長，兩條都立刻進食。今天的最佳收穫是一隻母長尾獴和兩隻獴寶寶；寶寶眼睛還沒睜開，和毛色深棕的媽媽比起來，顏色顯得非常淡，呈淺黃褐色。已經把寶寶隔離出來，人工餵養，因為怕放在一起母獴會不管牠們，甚至把牠們弄死。

三月十七日：長尾獴幼崽徹底抗拒吸奶嘴或用鋼筆上墨滴管餵食。考慮牠們存活機率低，決定把牠們放進母獴籠裡。結果令人驚喜，母獴接納牠們，餵奶餵得很好；極不尋常。今天替兩隻動物接合骨折：一隻是非洲林鴞（Strix woodfordii）被齒夾式捕獸陷阱夾住；另一隻是亞成鷹的枝狀不完全骨折。林鴞那條腿可能廢了，因為韌帶完全撕裂，而且骨頭粉碎。鷹的腿應該可以復原，牠還小。兩隻猛禽胃口都很好。如果晚上去打擾那隻林鴞，牠會發出像貓叫的嘶嘶聲；除了牠們爭鬥時發出像蝙蝠的吱吱聲之外，這種嘶嘶聲是我聽過牠們所發出唯一的聲音。爪蟾（clawed toad, *Xenopus laevis*）開始在晚上叫了！非常微弱的唧唧聲，像有人用指甲輕彈玻璃杯緣。

四月二日：今天一隻差不多兩歲的公黑猩猩被送過來，狀況糟透了。牠被捕羚羊的鋼絲套索陷阱套住，左臂和左手嚴重受傷。左手掌及手腕被撕開，嚴重壞疽，已非常虛弱，坐不起來，皮膚顏色變成一種奇怪的黃綠色。清洗包紮傷口後，注射了盤尼西林，然後開車帶牠去巴門達（Bemenda）給農業部的獸醫看，因為我覺得牠皮膚顏色看起來不妙，而且就算給牠些刺激，牠仍一副無精打采的樣子，很不對勁。獸醫抽血檢查，診斷牠得了昏睡病（sleeping sickness）。我們能做的都做了，牠還是每下愈況；無論你替牠做什麼，牠都那麼感激，看起來非常可憐。

四月三日：黑猩猩死了。雖然牠們受到法律保護，但在這裡或喀麥隆任何一區，黑猩猩遭殺害或獵食的情形司空見慣。大的那隻犀蜥蝰（rhinoceros）首度進食，吃了一隻較小的大鼠。一隻綠灌叢松鼠背上禿了一塊，可能因為缺乏維他命，將增加牠的多種維他命劑量。帚尾豪豬（brush-tailed porcupine）若晚上受到干擾，會用後腳快速跺腳（跟野兔一樣），然後轉身用屁股對著敵人，摩擦尾巴末端的那把刺，發出沙沙聲，有點像響尾蛇發出的聲音。

四月五日：我新發現到一種鑑定樹熊猴（*Perodicticus potto*）性別的方法，既簡單、又快速。今天來了一隻很棒的年輕雄猴。雌雄兩性的外生殖器看起來幾乎沒差別，我發現最簡單的辦法就是用聞的。被人抱起來的時候，雄性的睪丸會發出一種淡淡的甜味，有點像梨形糖果的味道。

不是只有我們對動物感興趣。許多我們蒐集到的動物，當地人從來沒見過，很多人登門造訪，要求逐籠觀賞。有一天當地教會學校的校長來訪，要求帶全校兩百多位男學生來看動物，我樂意應允；能把活生生的當地動物介紹給當地人看，激發他們對動物及保育的興趣，我覺得極有意義。約定的日子來臨，男孩們排成兩列，在五位教師領導下，從馬路盡頭大步走過來，到了休憩館前，孩子們被分成二十人一組，每一組由一位教師帶領走上臺階，賈姬、蘇菲、鮑伯和我待在不同的獸籠旁，負責回答問題。孩子們循規蹈距，沒人推擠、也沒人嬉鬧，排隊緩緩經過每一個獸籠，他們興趣濃厚、十分入迷，不時開心大叫「哇！」，或不停彈手指。等最後一組孩子參觀完畢，校長帶所有男孩在臺階底下集合，眉開眼笑轉頭對我說：

「先生，非常感謝你讓我們參觀你所蒐集到的動物。不知你是否願意回答孩子們的提問？」

「當然願意，這是我的榮幸。」說完我便走到臺階頂端，面向所有人。

「男孩們！」校長大吼，「感謝杜瑞爾先生的好意，他願意回答任何問題。現在誰有問題，都可以發問。」

底下一片黑壓壓的小臉全因為絞盡腦汁而眉頭緊蹙，舌頭微吐，腳趾在沙土裡搓啊扭的。等候半晌，起初問題出現緩慢，但隨著孩子們逐漸克服羞澀，提問的人愈來愈多、提問的速度也跟著加快，每個人的問題都問得很聰明、也合乎邏輯，不過我注意到最前排有個小個子，從頭到尾都用巴西利斯克式[16]的眼神盯著我看，他因為全神貫注而眉頭緊皺，又因為一直立正站好，身體顯得十分僵硬。等到提問漸漸停止，他終於鼓足勇氣把手舉高。

「烏阿諾，你有什麼問題？」校長慈藹地對他微笑。

那孩子先深吸一口氣，然後很快地對準我發射以下的問題，「先生，請杜瑞爾先生告訴我們，為什麼他拍這麼多國王妻子的照片？」

笑容倏地從校長臉上消失，他懊惱地看了我一眼。

「這個問題跟動物無關，烏阿諾！」校長嚴厲地指出。

「可是，先生，為什麼呢？」那孩子固執地再問一遍。

校長臉一沉，怒氣沖沖地對他咆哮，「這個問題跟動物學**無關**！杜瑞爾先生只說他願意回答有關動物學的問題。國王的妻子跟動物學**無關**！」

「但跟生物學有點關係，是不是，校長？」我想替那孩子解圍。

「可是，先生，他們不應該問你這種問題。」校長緊張地揩臉上的汗。

「我不介意回答。原因是因為在我的國家，每個人對世界其他角落的人如何生活、長相如何，都非常感興趣。我當然可以描述給他們聽，但如果他們看到照片，那就完全不一樣了。有了照片，看一眼就清楚了。」

「好……」校長用一根手指在自己領口裡抹了一圈。「好了，杜瑞爾先生回答你的問題了。杜瑞爾先生非常忙，沒時間再回答別的問題，請大家排隊。」

男孩們再度排成兩列，校長趁這個時候跟我握手，誠懇地代全校師生向我表示感謝，然後轉身對男孩們說：

「現在，大家向杜瑞爾先生表示謝意，歡呼三聲！」

兩百個年輕的肺同時歡呼，好比雷鳴一般。接著最前排的幾位男孩從書包裡拿出

16 basilisk，蛇尾雞，西臘及歐洲神話裡的蛇類之王，能用眼神致人於死。

笛子和兩支小鼓。校長揮揮手，學生隊伍便在樂隊帶領下大踏步離開，有意思的是，樂隊吹的曲子居然是〈哈萊克城的男人〉[17]。校長跟在隊伍後面，不停擦臉上的汗，而且不時惡狠狠地瞪烏阿諾的背影，回學校以後那孩子肯定要倒楣了。

晚上國王來喝酒聊天。我先帶他看過我們最新蒐集到的動物，才在陽臺坐下。我告訴他烏阿諾提出的動物學問題，國王聽了大笑不止，尤其覺得校長的尷尬反應特別好笑。「你為什麼不告訴他們，」國王一邊揩眼淚、一邊問我，「你為什麼不說你替我老婆拍照片，要給歐洲人看巴福特的女人有多漂亮？」

「那男孩，吶，還小，」我很嚴肅地說，「我想他不會懂這種關於女人的廢話。」

「吶，也對！吶，也對！」國王咯咯笑著說。「他還小，所以他好運氣，沒有女人哄騙他。」

「我聽他們說，我的朋友，」我試著引開討論婚姻生活優勝劣敗的話題，「我聽他們說你明天要去恩道普，吶，是嗎？」

「吶，是啊，」國王說，「我去兩天，出庭。明天的明天早上回來。」

「好，」我舉杯說，「一路平安，我的朋友。」

隔天早晨，國王身穿一件華麗的黃黑兩色長袍，戴一頂兩片耳罩超級長、而且刺繡超級密的奇怪帽子。他坐上新買的路虎越野車前座，旅行的必需品——三瓶威士忌、一名寵妻及三位內閣親信，陸續被安置進後座。他不斷用力跟我們揮手，直到座車繞過大路拐角，從我們的視線裡消失。

那天傍晚我將整天工作做完之後，走到前面陽臺上去呼吸新鮮空氣，注意到一大群國王的孩子們正聚集在下方寬廣的庭院裡。我非常好奇，想看他們在幹什麼。他們在大院正中央圍成一個大圓圈，經過一番熱烈討論與爭執，所有人開始隨著站在圓圈中央一名七歲小孩敲打小鼓的節奏，韻律感十足地擊掌吟唱，用童稚的歌聲唱出一首接一首令人難忘的巴福特民謠。我知道今晚孩子們的聚會非比尋常，一定有個非常特殊的目的，但他們在慶祝什麼（除非是在慶祝爸爸不在?!）我卻無法想像。我站在那

---

17 Men of Harlech，威爾斯民謠，講述薔薇戰爭中長達七年的圍攻哈萊克城堡戰役，情緒悲壯，大戰時大英國協軍隊不少單位選它作為隊歌，成為著名的軍歌。

兒看了很久，直到我們的小男僕約翰，以他慣常一聲不響、令人嚇一跳的方式，突然出現在我手肘旁邊。

「晚餐準備好了，先生。」他說。

「謝謝你，約翰。告訴我，為什麼這些小孩在國王王府裡唱歌？」

約翰赧然一笑。「因為國王去恩道普了，先生。」

「對，但他們為什麼要唱歌呢？」

「如果國王不在，先生，這些小孩每天晚上必須在王府裡唱歌，才能讓王府保持溫暖。」

我立刻覺得這個主意太棒了。我往下方那一大圈孩子看去，他們站在幽暗荒寂的大院裡歡唱，歌聲高亢、充滿活力，只為了讓父王的宮邸保持溫暖。

「他們為什麼不跳舞呢？」我問。

「他們沒有燈，先生。」

「把我們臥室裡那盞壓力燈拿去給他們，告訴他們我也想幫忙讓王府保持溫暖。」

「是的，先生！」約翰說完趕快跑去拿燈，不一會兒，我便看見那盞燈在孩子們圍成的圓圈裡投下一片金光。約翰送燈過去時，歌聲稍歇，接著傳來一陣歡樂的尖叫聲，然後一片尖脆稚氣的聲音朝我的方向大喊，「謝謝，先生，謝謝！」

我們坐下來吃晚餐，孩子們繼續像一群雲雀唱著歌，一邊繞著燈頓足、遊走。壓力燈輕柔地嘶嘶作響，燈光將孩子們又長又細的影子投在庭院的地上。

一封來信

我的好朋友，
今晚八點可以過來跟我們喝酒聊聊天嗎？

我的好朋友，
我七點半到。謝謝。

你的朋友
傑洛德・杜瑞爾

你的好朋友
巴福特國王

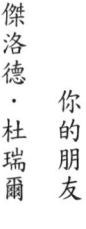

第五章

牛肉電影明星

Film Star Beef

拍攝動物影片的方法不一而足，最好的方式應是僱一群攝影師，讓他們在某個熱帶荒野角落待上兩年，拍攝動物的自然生存狀態。很不幸，這種方式極昂貴，除非時間充裕，背後又有好萊塢製片商贊助，否則這種方式你想都別想。

像我這樣的人，在每個國家停留的時間及預算都很有限，唯一的方法即是在受控制的條件下拍攝。即便是攝影狂，提起赴熱帶森林拍攝野生動物的困難度也會臉色發白，心有餘悸。首先，熱帶森林裡根本看不見野生動物；就算看見了，多半只是驚鴻一瞥，一轉眼動物就鑽進林下植被消失了。能夠湊巧碰對時間、碰對地點、架好攝影機、調好曝光度、一頭動物走到你面前、背景也合適、這頭動物還開始進行一些有趣又拍攝得到的動作……那簡直是奇蹟。所以說，唯一的折衷辦法，是先抓到動物，讓牠適應圈養狀態，等到牠比較不怕人了，攝影工作才可能開始。你可以準備一道用網子圍起的巨大空間，盡量忠實地複製動物的自然生存環境，同時顧慮到攝影條件。比方說，別留太多洞或縫隙，那麼害羞的動物很快就會躲起來；樹叢不能太密，否則陰影會太多等等……然後你把動物放進去，給牠充裕的時間去適應那「背景」，快則一個鐘頭，慢則一、兩天。

當然，首要條件是你必須熟悉動物的習性，清楚牠在何種狀況下會有何種反應。比方說，如果你把一隻飢餓的巨頰囊鼠（pouched rat）放進適當地點，地上擺滿各色豐盛的森林水果大餐，這隻囊鼠肯定立刻拿起食物往嘴裡塞，將牠兩個頰囊愈塞愈滿，直到牠看起來像患了嚴重的腮腺炎為止。你若不想拍一部只有動物在樹叢或草堆裡漫無目的走來走去的影片，就必須營造特殊狀況，讓你的動物有機會表現某種有趣的行為或習性。不過，即使萬事具備，仍欠東風；東風在此指兩樣東西：你的耐心及運氣。動物演員不像人類演員，即使非常溫馴，也不可能你叫牠往東、牠就往東。有些動物，每天都重複同樣一個行為，持續數週，可是一面對攝影機，立刻嚴重怯場，拒絕演出。你在大太陽底下努力工作數小時才將一切準備就緒，演員卻跟你使性子、耍脾氣，真的會讓你萌生殺念！

示範拍攝動物困難度的例子不勝枚舉，而我們企圖拍攝水鼷鹿（water chevrotain）的那天應可獲頒頭獎。水鼷鹿是一種可愛的小型偶蹄動物，大小跟隻獵狐㹴差不多，皮毛為深栗色，全身點綴漂亮的白紋和白斑，輕盈嬌小，極上鏡頭。水鼷鹿有幾個有趣的特性：其中之一是牠們在野外已適應半水棲生活，大部分時間都待在森林溪流裡涉水、游泳，甚至能潛水泅游一段頗長的距離；牠們第二個奇怪的特性是愛吃蝸牛和甲蟲，這種肉食習性在偶蹄動物中極不尋常；第三個特性則是非常安靜、溫馴，我曾經遇見一隻水鼷鹿，捕獲後才一個小時，便願意讓我用手餵牠吃東西、搔牠的耳朵，彷彿這一切再自然不過，和在圈養狀態下出生的同類沒兩樣。

我們蒐集到的那隻水鼷鹿也不例外，溫馴得簡直匪夷所思，非常喜歡被人搔頭和搔肚子，無論你給她多少蝸牛和甲蟲，都一臉滿足的表情，一口氣吃光光。除此之外，只要她一有空閒，便企圖坐進水碗裡洗澡，可惜水碗太小，她再怎麼努力，也只能把屁股尖尖卡進去。

為了展示她的肉食及水棲特性，我把一段河岸安排進我的拍攝場景，林下植被經過小心布置，足以顯現她完美的偽裝體色。一天早晨，天空無雲，太陽的位置也剛剛好，我們將水鼷鹿的籠子扛到場景旁，準備放她出來。

「我只怕一件事，」我對賈姬說，「我怕拍到的動作太少。妳也知道她多安靜……搞不好她走進場景以後就再也不肯動了。」

「嗯……如果有人在另一頭拿粒蝸牛或什麼的，喊她過去，她應該會走過去。」

賈姬說。

「只要她別像母牛吃草盡站在那兒不動就好，我需要她做點動作。」我說。

我萬萬沒想到她的動作竟遠超出我的預期！籠門拉開，她極秀氣地踏出籠子，一隻纖足微抬，停在空中半晌，我啟動攝影機，等待她的下一個動作。結果她的下一個動作出人意料：她像一支突然發射的火箭，穿越我精心布置的場景，對面設的網彷彿不存在，「咻！」直接射了出去。沒人來得及反應，出手阻擋，才一眨眼，她已消失在場景外的林下植被叢中。所有人的反應都太慢，因為完全沒人想到她會做出這樣的舉動。眼見我的寶貝水鼷鹿就此消失，我放聲哀號，

聲音淒厲又痛苦，所有人員，包括廚子菲力浦，當下全把手邊的工作丟了，彷彿變魔術，全部集合到拍攝場地。

「水牛肉跑啦！」我大吼。「誰去抓到牠，我給十先令！」

重賞之下必有勇夫！一聽到如此豐厚的獎金，一堆非洲人像一大群飢渴的蝗蟲，一窩蜂衝入水鼷鹿消失的那片矮叢中，不到五分鐘，菲力浦便像打了勝仗的士官長，大喝一聲，懷裡緊緊夾住一隻不停掙扎亂踢的水鼷鹿，從矮叢裡走出來。把她放回籠裡之後，她安靜站著，用水汪汪的大眼睛凝視我們，彷彿對眾人大驚小怪的反應感到訝異。她挺友善地舔舔我的手，讓我搔她的耳後根，臉上的表情一如往常，眼睛半閉，彷彿被催眠了。那天剩餘的時間全花在「企圖」拍攝她上；可惡的她，關在箱籠裡的時候，表現可圈可點——把她水碗裡的水濺得到處都是，顯示她多麼喜歡玩水；大啖甲蟲與蝸牛，顯示她多麼愛吃肉。然而只要一把她放進攝影場景內，她立刻朝遠方的地平線衝過去，就像身後有一群豹在追她似的。等到一天結束，我滿身大汗、精疲力竭，曝光了五十呎的底片，卻只拍到她一動也不動地站在自己的箱籠前面，為下一刻的衝刺逃跑準備。最後我們垂頭喪氣地把她的籠子扛回休憩館，她安靜躺在籠裡的香蕉葉堆上，繼續津津有味嚼著甲蟲。那是我最後一次嘗試拍攝水鼷鹿。

另一隻讓我在攝影領域內苦不堪言的動物，是一頭年紀還小、我們給牠取名叫「伍迪」的非洲林鴞（*Strix woodfordii*）。非洲林鴞是一種非常漂亮的貓頭鷹，深巧克力色的羽毛，灑滿無數白紋及白斑，而且林鴞的眼睛絕對是所有貓頭鷹種類裡最美的：水汪汪、大而深邃，而且眼瞼寬厚，呈接近粉紅色的淡紫色，顏色非常細緻。林鴞會用極慢的速度開闔這兩片眼皮，彷彿一位遲暮的影后正在考慮是否該東山再起。當牠做這誘人的眨眼睛動作時，還會大聲咂喙，像在敲響板。若碰上牠們情緒亢奮，眨眼睛的動作會變得格外誇張，牠們還會站在棲木上左搖右晃，彷彿隨時要跳夏威夷草裙舞，然後猛地展開雙翅，站在那兒對你咂鳥喙，活像宗教狂熱分子用來裝飾墓碑的雕刻作品。平常伍迪待在籠子裡，經常演出這些動作，你若將一隻可口多汁的小老鼠放到牠面前，牠還會依照順序表演全套。因此我十分篤定，認為只要提供適當的背景，不費吹灰之力，便可拍攝到牠這些展示動作。

我在專門拍攝鳥類的網子房裡布置了一株森林大樹，纏繞藤蔓、覆滿寄生植物，背景則為綠葉及藍天，然後我將伍迪從籠裡帶出來，把牠放在布景正中央枝葉扶疏的樹枝上。我指望牠做的動作非常簡單、自然，就連貓頭鷹的腦袋也足以輕鬆應付，絕無意為難；牠若稍加合作，整個拍攝過程大可在十分鐘內完成。結果牠坐在那根樹枝上，圓睜大眼，充滿驚懼地瞪著我們，我走到攝影機後面，才按下按鈕，牠便極快速地眨了一下眼睛，然後，彷彿覺得我們出現在牠周圍是件極噁心的事，堅決地轉過身，背對我們。我提醒自己，想拍攝動物影片，耐心是首要條件。於是我擦去眼睛周圍的汗水，走到那根樹枝前面，把牠轉回來，再走回攝影機後面，但伍迪早已又轉回去，再度背對我們。我心想也許是光線太強，立刻派遣幾名傭工去砍一批樹枝回來，安裝妥當，讓樹蔭遮住伍迪，不讓牠受陽光直射；但他仍然堅持背對我們。事態明顯，如果我想拍牠，非把整個布景調轉過來不可。於是眾人賣力將重達一噸左右的矮樹叢小心移位、重新布置之後，伍迪現在可以面對他顯然比較喜歡的那一邊了。

在我們大汗淋漓搬運大樹枝、粗藤蔓之際，伍迪一直坐在那根樹枝上充滿驚奇地盯著我們，接著非常大方地讓我重新架好攝影機（難度很高，因為此刻攝影機幾乎直接對準太陽），然後才極冷靜、極沉著地轉個身，背對攝影機；那一刻我真想掐死牠。此時烏雲飄來，即將遮住太陽，想繼續拍攝已不可能。我把攝影機收好，走到那

根樹枝前去領取我的大明星，心中充滿殺念。就在我踱到牠面前的瞬間，伍迪突然轉過來，很開心地咂牠的鳥喙，同時很快地跳了一段草裙舞，然後張開翅膀，對我一鞠躬，就像一位舞臺劇的名角，故作害羞狀地謝第十七次幕。

當然，並非每一位我們旗下的動物明星都愛找麻煩，我拍過最棒的一段影片，得來全不費工夫，而且拍攝時間破紀錄，超短。但是當觀眾看那段影片的時候，可能會覺得那比拍一頭貓頭鷹展開翅膀困難多了。那一次我想拍攝食卵蛇如何侵略鳥巢。食卵蛇長約六十公分，身體極細，顏色為近粉紅的褐色，帶深色斑紋，眼睛出奇鼓凸，為淡銀色，瞳孔如貓眼般垂直細長。這種蛇最奇怪的是身體構造，牠們在喉嚨往後約八公分處，椎骨向下突出，形似鐘乳石。蛇把蛋吞進嘴裡後，慢慢把蛋向後推擠，等抵達這幾截向下突出的椎骨正下方，蛇即收縮肌肉，用這截尖骨將蛋刺破，接下來蛋黃和蛋白被吸收，破了的蛋殼被壓扁，再被蛇反芻出來。整個過程是個奇觀，據我所知，從未被拍攝成影片。

那時我們蒐集到六條食卵蛇，最令我開心的是這六條蛇的大小顏色全部一模一樣。當地小孩賺外快，幫我們採集織巢鳥的鳥蛋來餵養這一群胃口極佳的爬蟲類，不管放多少粒蛋在牠們籠裡，都會被吃光光；而且當你把蛋放進牠們籠裡的那一剎那，幾條本來安靜盤在一起的蛇，立刻變成不停扭動、糾纏不清的一捆蛇，每一條都爭先恐後想先搶到蛋。儘管牠們在籠裡的表現可圈可點，但經過拍攝伍迪及水鼷鹿事件，我無法保持樂觀心態。即便如此，我仍布置了適當的場景（一叢花和擺在枝條上的一只鳥巢）、蒐集一打藍色的鳥蛋，然後讓那幾條蛇餓三天，確保攝影時牠們胃口大開。幾天不進食對蛇不會造成任何傷害，因為所有蛇類都能長期禁食，某些大蟒甚至能幾個月、幾年不進食。等我確定蛇明星們都有好胃口之後，開始上工。

蛇籠被抬進攝影棚內，五粒漂亮的藍蛋被放進鳥巢裡，其中一條蛇被輕輕放在鳥巢上方的枝條上，我啟動攝影機，開始等。

起先那條蛇只軟綿綿掛在枝上，突然從陰暗涼爽的蛇籠裡移出來，太陽一照，牠似乎有點頭昏眼花，可是不消片刻，牠便開始吐信，舌頭快速彈進彈出，頭開始左右搖晃，一副極感興趣的樣子。接著牠以極流暢的動作朝那只鳥巢滑過去，就像液體順著枝條往下流淌一般。牠緩緩逼近鳥巢，抵達巢緣後，探頭窺伺巢內的蛋，銀色的蛇眼顯得十分凶狠，舌信又開始彈進彈出，彷彿在用舌頭嗅聞那幾粒蛋，還用蛇頭尖端輕輕去觸碰那些蛋，就像狗把頭戳進一堆餅乾裡。然後牠把身體再往前拉一段，鑽進鳥巢中，好整以暇，頭側轉，張大嘴巴，開始吞其中一粒蛋。蛇類的下顎構造特殊，能夠完全脫開，因此蛇可以吞食看起來比牠的嘴大很多的獵物；食卵蛇也不例外。牠俐落地將自己的上下顎脫離，喉嚨部位的皮膚不斷撐開，直到每一片鱗都豎起來，隨著蛋慢慢被推擠經過蛇的喉嚨，你甚至可以透過蛇細緻緊繃的皮膚，看見蛋殼的藍色色澤。等到蛋進入蛇體內約二·五公分左右，牠稍停片刻，彷彿在沉思，然後一甩身，滑出鳥巢，鑽入花叢，牠在枝條間行進，不斷用身體鼓脹的部分去摩擦枝條，好將那粒蛋不斷往下推。

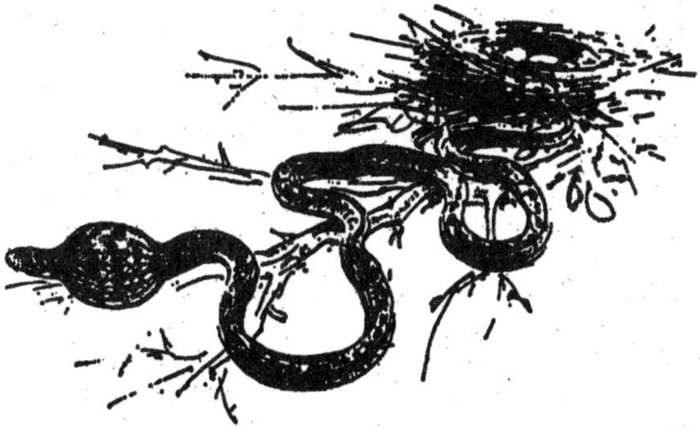

拍攝成功，大家歡欣鼓舞。我們把蛇送回籠，好讓牠舒舒服服消化這一餐。我把攝影機移個位置，換上拍特寫的大鏡頭，從蛇籠裡抓出另一條食卵蛇——這便是擁有好幾條大小體色完全相同的蛇的妙處：剛才那條蛇，只要肚裡的蛋未完全消化，再餵牠一粒蛋，牠連看都不會想看一眼，所以不可能再用來拍特寫；新抓出來的這條蛇，看起來跟剛才那條蛇一模一樣，卻非常飢餓。牠迅速滑下枝條、鑽入鳥巢，吞下一粒蛋；我不費吹灰之力，便拍到所有我想要的特寫鏡頭。我再請出另外兩條蛇，重複整個程序，最後用四段影片剪接成一部影片。看片時，沒人能分辨其實影片裡出現了四條蛇。

所有的巴福特居民，包括國王本人，都對我們的拍攝工作極感興趣，因為前不久他們才首次接觸電影；一輛移動電影車開來巴福特，為大家放映女王的加冕典禮，令他們十分開心。那已是一年半以前發生的事，但在我們停留期間，仍為所有人津津樂道。我心想國王與他的內臣肯定想多了解拍電影這件事，便邀請他們找一天早晨過來參觀我拍片，他們欣然接受。

「你打算拍什麼？」賈姬問我。

「只要沒有危險，其實拍什麼都無所謂。」

「危險？」蘇菲問。

「我不想冒任何險……萬一國王被咬一口，我在巴福特還待得下去嗎？」

「老天，那可絕對要避免，」鮑伯說。「那你有什麼想法？」

「我一直想拍那些巨頰囊鼠，不如就用牠們吧。巨頰囊鼠連蒼蠅都不會傷害。」

隔天早晨，我們先在金屬架上布置代表一小片森林空地的場景，再在一旁用贊助廠商替此次遠征特製的尼龍防水布搭棚子，在棚下擺好座椅，好讓國王及內臣坐著觀賞，座位前方再放置一桌飲品。一切就緒後，我派人去請國王。

不久，國王及他的內閣穿越廣大的庭園，慢慢朝我們走過來，那場面著實壯觀。國王走在最前面，身穿一件藍白相間的亮麗長袍；快步跟在他身旁的，是他最寵愛的妻子，負責幫他撐一把紅橙相間的巨大遮陽傘；國王身後跟隨一列閣員，分別穿著鮮綠、鮮紅、鮮橘、猩紅、純白及鮮黃的長袍，全在徐徐飄盪；另外再加上國王的四十幾個小孩，蹦蹦跳跳圍繞著這道彩色人牆，好似一群小黑甲蟲，圍繞著一隻色彩斑斕的巨大毛毛蟲。這群華麗又壯觀的隊伍繞過休憩館，抵達我們寒酸的攝影棚。

「早上好，我的朋友，」國王高喊，對我咧嘴笑。「我們來了，來看你拍電影。」

「歡迎！歡迎！我的朋友，」我答道。「你喜歡我們先一起喝一杯嗎？」

「哇！我喜歡！」國王小心翼翼坐進我們擺出來的露營椅裡。

我先倒酒，在與國王對飲之際，為他掀開電影攝影的神祕面紗，示範如何操作攝影機、給他看膠捲長什麼樣子，並說明每個影像都只是一個獨立的動作。

國王掌握了攝影基本原理後問我，「你拍的這部電影，我們什麼時候可以去看？」

「我必須把它帶回我的國家才能完成，」我頗感遺憾地回答，「所以要等我下次來喀麥隆，才能放給你看。」

「噢，那好，」國王說，「下一次你回來我的國家，我們有快樂時光，你給我看你的電影。」

想到不久的將來我將返回巴福特，我倆又喝了一杯。

一切就緒，我們將示範給國王看，如何串連一段影片。擔任場記的蘇菲身穿長褲、襯衫，戴一副太陽眼鏡和一頂超大草帽，手握筆記本及鉛筆，岌岌可危地蹲踞在一把小折椅上；她會把我拍攝的每個鏡頭都一一記錄下來；賈姬蹲在附近一臺錄音機旁，肩膀上掛了一大串照相機；充任戲劇指導的鮑伯站在離布景不遠處，手抓一根樹枝，再抱一只箱籠，籠裡傳出即將演出這場戲的明星刺耳的吱吱叫聲。我把攝影機架好，走到機器後方就位，然後打信號開拍。國王與內臣們聚精匯神觀看鮑伯將兩隻巨頰囊鼠輕輕倒進布景，然後用樹枝把牠們趕到正確的位置上；我啟動攝影機。機器一傳出高頻率的嗡嗡聲，坐在我身後的那群觀眾立刻眾口一同地發出「啊……」的激賞嘆息。就在那一刻，一名小男孩拎著一只葫蘆晃進王府大院，對圍觀的人群視若無睹，逕自走到鮑伯面前，將他帶來的貢品高高舉起。我全神貫注盯著攝影機的取景器看，沒分神去聽鮑伯和那小男孩的對話。

「吶，這是什麼？」鮑伯接過開口用綠葉塞住的葫蘆。

「牛肉！」小男孩言簡意賅答道。

鮑伯沒進一步詢問那是何種牛肉，不做他想便把塞住葫蘆頸的葉子拔出來，結果不但令他大吃一驚，也把在場每一人都嚇一大跳；一條將近兩公尺長、怒氣沖沖的詹姆森氏曼巴蛇，就像從盒子裡彈出來的玩偶，倏地從葫蘆裡彈射出來，跌在地上。

「小心你們的腳！」鮑伯大吼一聲，警告現場所有人。

我才把眼睛從攝影機取景器上移開，便赫然看見那條曼巴蛇正毅然決然地從三角架的三支腳中間筆直朝我滑過來；一時之間，全場大亂。曼巴蛇從我腳邊經過，迅速朝蘇菲逼近；蘇菲看了蛇一眼，決定與其逞一時之勇，不如謹慎行事，遂緊抓她的鉛筆和筆記本，同時為了某種不明原因，抄起她的折疊小椅，撒腿就跑，朝那群閣員衝過去，速度之快，媲美野兔。不幸的是，曼巴蛇也想去那個方向，於是蛇緊緊跟在蘇菲後面。眾閣員看見蘇菲領著蛇即將衝進他們座位之間，不假思索，全體一致，站起來轉身就逃。只有國王一個人留在原地，他卡在擺飲料的桌子後面，動彈不得。「去拿根棍子來！」我對鮑伯大喊，急急去追那條蛇。我當然知道那條蛇不會無故攻擊人，牠只是想躲開我們，想跑得愈遠愈好；可是一條受到驚嚇、帶有劇毒的毒蛇，碰到五十位驚惶失措、赤腳亂跑的非洲人，意外很可能發生。根據目擊者賈姬事後報告，當時的景象精采絕倫：眾閣員飛奔穿越王府大院，蘇菲在後面追，蘇菲又被蛇追，蛇被我追，我再被手拿棍子的鮑伯追。幸好，曼巴蛇繞過國王，我才鬆了一口氣。既然戰事與他無關，國王坐在那兒閒來無事，乾脆替自己再倒一杯酒喝，壓壓驚。

鮑伯和我終於把曼巴蛇逼到休憩館臺階下，用棍子壓住抓起來，塞進裝蛇的大口袋裡。我回到國王的座椅旁，看見內閣臣子也陸續自王府大院各個角落返回國王身邊。換作世界上任何其他地方，你若放一條大蛇在一群政府要員之間，迫使他們四散奔逃，肯定將遭到因尊嚴掃地而生出各種沒完沒了的指控、惱怒，以及其他令人精疲力竭的人性化表現，可是非洲人不然；國王眉開眼笑地坐在椅子上，內臣們笑語喧嘩地走回來，彈指慶幸所有人都逃過一劫，並互相取笑對方跑得太快，每個人都看到這次事件幽默的一面，十分開心。

「你抓住牠了，我的朋友？」國王一邊問我，一邊拿起我的威士忌酒，大方地替我倒了一大杯。

「是，」我感激地接過那杯酒，「我們抓住牠了。」

國王湊近我，頑皮地對我咧嘴一笑，問道，「你看見我手下逃跑吧？」

「看見了，他們都跑得非常快。」我表示同意。

「他們害怕啊。」國王解釋。

「對，那條蛇是壞蛇！」

「吶，對！吶，對！」國王表示同意，「這些小小人怕蛇很多很多。」

「對。」

「我不怕這條蛇，」國王說。「這些人統統跑了……他們害怕很多很多……可是我沒跑。」

「是啊，我的朋友，真的……你沒跑。」

「我不怕這條蛇。」國王怕我沒聽清楚，再重申一次。

「吶，對。這條蛇怕你！」

「牠怕我？」國王有點困惑。

「對，這條蛇不敢咬你……吶，牠是壞蛇，可是牠不敢咬巴福特國王。」

國王被我這麼露骨的阿諛奉承逗得開懷大笑，然後他想起內臣們逃跑的模樣，繼續大笑；內臣們也加入，笑作一團。後來他們離開時，仍為這次滑稽事件笑得前俯後仰，踉踉蹌蹌；人影消失許久，還聽得見他們的嬉笑歡鬧聲。僅靠一條曼巴蛇便達成一次成功的外交出擊，據我所知，史無前例。

一封來信

我的好朋友，

大家早上好。我收到你捎來的短箋，可惜我的病況跟昨天一樣，並未好轉。

因為生病，無法去跟你喝酒聊天，對不起。

你送來的一瓶威士忌及西藥也收到了，非常感謝。昨晚和今早我已各服一次西藥，但病況未見改善。最困擾我的是咳嗽，如果你有咳嗽藥，請交給信差。

我猜想威士忌對病情有幫助，但目前還看不出來。你若有琴酒，也請給我一瓶。

我現在還躺在床上。

你的好朋友
巴福特國王

第六章

手像人手的牛肉

Beef with Hand Like Man

遠征可以蒐集到各式各樣的動物，但最令我著迷的，當屬猴類。牠們像孩童，天真無邪，令人歡喜，聰明機伶，百無禁忌，總是熱情又吵鬧地活在當下，而且一旦接納你作為牠們的養父母，便對你生出百分之百、堅定不移的信心（滿可憐的）。

猴類在喀麥隆是當地人主要的肉類來源。由於法律未明文限制捕獵的數量及季節，可以想見，大量揹著或抱著幼崽的母猴遭到屠殺，從樹上摔下來，屍體上緊扒著猴寶寶；絕大多數的小猴仍活著，甚至沒有受傷。通常小猴也被宰，跟母猴一起被吃掉；偶爾獵人會把小猴帶回村裡，養大以後再吃。但若有一位蒐集野生動物的人出現，可以想見，鄰近地區的猴孤兒全會集中到他手上，因為他收購活猴的價錢會比一般市價高許多。所以，一旦你在像喀麥隆這樣的國家待上兩、三個月之後，就會發現自己領養了一大群各形各狀、年齡不等的小猴子。

那次停留巴福特，我們總共收養了十七隻猴子（不包括猿類和像是樹熊猴或嬰猴這類的原猴），帶給我們無限的歡樂。顏色最鮮豔的當屬紅猴；牠們身材瘦長，大小跟㹴犬差不多，身上的毛為亮麗的赤薑色，臉為煤黑色，前胸白色。野生紅猴形成大家庭團體，住在草原上，而非森林裡。牠們像狗一樣四腳著地，成群移動，總是孜孜不倦、汲汲營營在草根與腐木中尋找昆蟲及鳥巢，或翻動石頭找蚯蚓、蠍子、蜘蛛及其他可口的小蟲吃；偶爾人立站直，越過草叢頂端向外瞅；草若長得太高，便會垂直向上跳，腳底彷彿裝了彈簧。若發現任何可疑跡象，立刻大叫「撲若……撲若……撲若」，接著慢跑穿越草原，一尥一尥抬足，彷彿一群赤紅色的小型賽馬。

我們養的四隻紅猴一起住在一個大籠子裡，大部分時間都在互相理毛，可憐兮兮的黑臉上總帶著全神貫注的表情；不理毛時牠們會恣情跳一種奇異的東方舞蹈。紅猴是我所知道唯一真的會跳舞的猴子。大部分的猴子在玩瘋的時候，會拚命轉圈，或是跳上跳下；但紅猴不同，紅猴會編排一系列特殊的舞蹈動作，而且曲目豐富。牠們會先四足著地，像橡皮球似地跳上跳下，每次都四隻腳同時離地，然後愈跳愈快、愈跳愈高，彈跳高度可達六十公分。接著牠們會停下來，開始踩一連串的「舞步」：先是後腿及身體後半部保持不動，身體前半部卻像鐘擺似地左甩右甩，同時頭也跟著左甩右甩；甩了二、三十次之後，開始下一個變奏，即後腿站直人立，雙臂挺直撐到頭頂上，臉朝上仰看籠頂，然後踉踉蹌蹌不停轉圈圈，轉得頭暈眼花了，就跌坐地板上。這整支舞曲還有配樂，歌詞如下：「哇噢……哇噢……撲若……撲若……哇噢……撲若！」聽起來比一

般擅長情歌的男歌手唱的那些流行歌曲好聽多了、也好懂多了。

紅猴熱愛活食，任何形式的活食都愛。若是哪天沒吃到一把活蚱蜢、幾粒鳥蛋，或是一對毛茸茸又多汁的活蜘蛛，就覺得那天過得不圓滿。不過對牠們來說，棕櫚象甲蟲（palm beetle）的幼蟲，無疑是活食中的魚子醬。棕櫚象甲蟲是一種長約五公分的橢圓形昆蟲，牠們會把卵產在腐爛的樹幹裡，特別是棕櫚樹富含纖維質的柔軟內部。卵埋在這堆柔軟溼潤的食物當中，孵化出幼蟲，幼蟲很快長大，成為長七、八公分，跟成人大拇指一般粗、亮白色的肥蛆。紅猴覺得這些不停扭動的肥蛆是人間仙品，只要看見我拿一罐白蟲走近牠們的籠子，立刻樂得不停尖叫，震耳欲聾。奇怪的是，紅猴雖然愛吃象甲蟲幼蟲，卻很怕那些蟲。每次我把罐裡的幼蟲倒進籠子地板，四隻紅猴便圍坐在那堆幼蟲旁，一邊繼續興奮地尖叫，一邊不停用顫抖的手指試探性地去戳那堆點心。幼蟲若稍微動一下，紅猴立刻把手縮回來，急急往自己身上的毛抹幾下。搞半天之後，終於有一隻紅猴鼓起勇氣，抓起一隻肥蛆，閉緊眼睛，臉皺成一團，把幼蟲的頭或尾塞進自己嘴裡，用力咬一口。幼蟲突遭斷頭截尾，肯定反應激烈，瀕死掙扎一番，紅猴會嚇得把幼蟲一扔，趕緊猛揩自己的手，同時小臉仍皺成一團、眼睛緊閉地大聲咀嚼口裡那一截鮮肉。吃幼蟲的紅猴總讓我聯想起年輕的大家閨秀，初入社交生活，首次品嚐生蠔的模樣。

有一天我本想特別犒賞紅猴，沒想到卻弄巧成拙，造成紅猴籠內一陣大恐慌。當地有一群小孩專門負責替我們的動物找活食，每天一大清早，這群孩子便拎著裝滿蝸牛、鳥蛋、甲蟲幼蟲、蚱蜢、蜘蛛、身上還沒長毛的小老鼠，以及其他各式各樣奇異的小蟲抵達。那天早上，其中一個小男孩除了帶來他每天必定貢獻的蝸牛和棕櫚象甲蟲幼蟲之外，還增加了兩隻大王花金龜（Goliath beetles）的幼蟲。大王花金龜是世界上頭幾大的甲蟲，成蟲可長達十五公分、背寬十公分；不消說，牠們的幼蟲也像大怪物，長達十五公分，而且跟我的手腕一樣粗。這兩隻幼蟲的顏色跟棕櫚象甲蟲的幼蟲顏色一樣，死白死白，卻超級肥胖，皮皺成許多褶紋，像梟絨被似的；深栗色的頭跟一枚一先令的銅板一樣大，彎曲的顎如利爪，想抓牠們必須小心，否則會被夾得很痛。我獲得這兩隻臃腫不堪的大怪物蛆，非常得意，心想紅猴那麼喜歡吃棕櫚象甲蟲的幼蟲，等牠們看見這兩隻巨無霸點心，豈不樂昏頭了？便將兩隻大王花金龜幼蟲和別的幼蟲一起放進錫罐裡，拿去餵紅猴，當作牠們早餐前的小點心。

四隻紅猴一看見眼熟的錫罐出現，立刻興奮地跳上跳下，一邊高唱「撲若……撲若……！」。我一打開籠門，牠們立刻圍坐過來，黑色的小臉上憂喜參半，八隻猴手往前伸，作乞食狀。我將錫罐推入籠門內，往下倒，兩隻大王花金龜幼蟲像兩團麻糬，悶聲跌在籠子地板上，一動也不動。說紅猴們感到驚訝，那是輕描淡寫；牠們先愕然吱吱輕叫了幾聲，然後屁股著地往後挪幾寸，驚懼狐疑地檢視眼前那兩團貌似防空氣球的巨物。仔細端詳一分鐘之後，因幼蟲毫無動靜，紅猴漸漸拾回勇氣，又屁股著地挪近一些，就近觀察這兩個怪現象。紅猴們從各個角度端詳這兩隻蟲之後，其中一隻膽大的伸出一隻手，用一根食指試探性地戳戳其中一隻蟲。本來那隻蟲腹部朝上、彷彿被催眠了，此刻突然醒了，痙攣似地蠕動一番，然後極雄偉地用力一扭身，翻了過來。巨蟲的這個動作大大震撼了紅猴；四隻紅猴戰慄怖懼、齊聲尖叫，四位一體衝到籠子最遠的角落，接著展開一場丟臉到極點、只有懦夫才會參與的內鬨，你推我擠，每隻都奮力想擠到最角落，躲在同伴後面。那隻幼蟲沉思數秒後，開始費力地拖著臃腫的身軀，朝那群紅猴爬過去，導致四隻紅猴一齊發作歇斯底里症，癥狀嚴重，我不得不插手，把兩隻巨蟲從籠裡拿出來。我把幼蟲放進黑腿臭獴蒂奇的籠子裡，蒂奇天不怕、地不怕，才咬四下，便把兩隻幼蟲吞下肚了。可憐的四隻紅猴那一整天都神經兮兮、吱吱叫個不停，而且從此只要看見我拿著那只錫罐走過去，立刻速速撤退到籠子最遠的角落，一直等到百分之百確定錫罐裡只裝了棕櫚象甲蟲幼蟲，沒裝別的東西，才敢往前移。

我們最喜歡的另一隻猴類，是年齡半大不小的狒狒喬琪娜；她非常性格，而且是個調皮鬼。喬琪娜從小被一位非洲人養大，既是主人的寵物，也兼任看門狗；我們才花十先令的「高價」就把她買回來。喬琪娜十分溫馴，腰上隨時繫條皮帶，皮帶上再綁一根長繩索；每天我們把她牽出去，綁在休憩館下方一棵樹下。頭兩天我們把她綁在王府大門附近，因為總有許多獵人、賣蛋老婦，以及大批兜售昆蟲及蝸牛的小孩進進出出這扇大門，我們認為川流不息的人潮可以提供喬琪娜一些娛樂，她不致於感到太無聊。結果喬琪娜的確在那些人身上找到很多樂子，但她找樂子的方式跟我們想像得完全不同。喬琪娜很快發現她可以把繩索盡量拉長，走到大門旁的扶桑樹叢後面蹲下、躲起來，等某個倒楣的非洲人踏進大門時，突然從樹叢後跳出來，抱住那個人的腿，同時發出令人毛骨悚然的尖叫；膽子再大的人，被她這麼一搞，也會嚇得魂飛魄散。

第一個受到她埋伏突擊的對象是一位老獵人。老獵人身穿他最體面的長袍，拎著一只裝滿大老鼠的葫蘆，邁著尊嚴的步伐（才配得上他葫蘆裡如此稀有的珍物）慢慢趨近王府，可惜他貴族般的架勢在踏進大門的剎那，便被無禮地粉碎了。他先感覺後腿被喬琪娜鐵鉗般的雙臂緊緊抱住，又聽見她淒厲的尖叫，立刻失手把葫蘆摔在地上，葫蘆應聲破裂，老鼠向四方潰逃，老獵人同時嚇得大喝一聲，筆直往空中一跳，隨即毫無尊嚴地逃回路上，速度之快，以他的年齡來說，出乎意料。事後，我花費三包香菸及若干外交手腕，才撫平了他受傷的自尊心。在我努力斡旋期間，喬琪娜從頭到尾坐在旁邊一副事不關己的模樣。我訓斥她，她只一臉無辜又吃驚地揚起眉毛，給我們看她粉紅色的眼皮子。

下一位受害者，是拎來滿滿一葫蘆蝸牛的一位十七歲的漂亮女孩。不過這個女孩的反應很快，不亞於喬琪娜。喬琪娜才跳出來，女孩已從眼角餘光裡看見牠，驚叫一聲，一個箭步跳開。喬琪娜沒抱住她的腿，只抓住她紗籠的後角，用力一扯，女孩的紗籠便落在她一雙毛手當中。喬琪娜立刻把紗籠當紗巾罩在自己頭上，坐下來開心地吱吱叫。可憐的女孩變得跟新生嬰兒一般赤條條的，羞得鑽入扶桑花叢後，企圖用手把身上重要部位遮起來。鮑伯正好和我一起目擊整個事件，此刻不需我鼓勵，立刻志願奔進大院去奪回紗籠，親手還給女孩。

至此，喬琪娜在幾次突襲事件中都占了上風，但隔天早晨，她卻玩過火，遭到報應。一位重達九十公斤的可愛老太太，小心翼翼在頭上頂了滿滿一錫罐的花生油來王府，打算賣給廚子菲力蒲。老太太搖搖擺擺、氣喘吁吁地走到休憩館門前。菲力蒲眼尖，在廚房裡看見她，立刻衝出去，想警告她小心狒狒；可惜他遲了一步。說時遲、那時快，喬琪娜矯捷如豹地從樹叢後跳出來，伸長雙臂，抱住老太太的肥腿，再循例發出駭人的戰鬥吶喊。可憐的老太太和前面幾位受害者不同，她太胖，跳不起來，也跑不動，於是她杵在原地，文風不動，只扯開嗓子，開始尖叫，音量和力道都不輸喬琪娜。兩位忙著演出刺耳的二重唱之際，老太太頭頂上那一罐油不斷搖晃，險象環生；同時菲力蒲踩著一雙巨腳，啪啪啪穿過大院，一邊用沙啞的聲音吼出一連串指令，可惜老太太充耳不聞。等菲力蒲終於趕到現場，因為情緒太過激動，便做出一件傻事；他不先去搶救老太太頭上的那罐油，反而將注意力放在老太太的下半身，一把揪住喬琪娜，使勁兒想把她扯開。喬琪娜哪肯輕易放棄這麼一位豐滿多油的富婆，便像一粒笠螺，緊緊扒住不放。菲力蒲抱住喬琪娜的腰，拚命往後扯；老太太龐大的身體不斷顫抖，彷彿一株即將傾倒的巨樹。她頭頂上的那只油罐終究敵不過地心引力，哐啷一聲，摔下地了。錫罐碰地的那一剎那，一大片金黃色、黏滋滋的花生油向空中拋灑，接著像水銀瀉地一般，倒在三位主角身上。喬琪娜被這招可能十分危險的新偷襲戰術嚇一大跳，低哼一聲，放開老太太，撤退到長繩允許最遠的角落，坐下來努力想把自己毛上沾的黏油清乾淨；菲力蒲站著不動，彷彿下半身正在慢慢融化中；老太太的紗籠前半片也溼透了。

「哇！」菲力蒲怒吼，「愚蠢的女人！妳為什麼把油倒地上？」

「蠢男人！」老太太同樣火冒三丈，尖叫回罵，「這隻牛肉來咬我，我能怎樣？」

「這隻猴子不會咬妳，老糊塗！吶，牠很乖，」菲力蒲大吼，「現在妳看，我的衣服都毀了……吶，都是妳的錯！」

「不是我的錯！不是我的錯！」老太太音量持續拔高，龐大的軀體像一座即將爆發的黑色火山，在猛烈悸動著，「是你的錯，叢林男人！我的洋裝毀了，我的油也倒在地上！」

「老糊塗、蠢女人！」菲力蒲大叫，「妳才是叢林女人，妳沒理由就把油倒地上……把我的衣服也毀了！」

菲力蒲猛跺他的大腳，可惜正好踩在一灘油裡，油濺上老太太已經溼透、正在淌油的紗籠。老太太發出一聲好比炸彈從空中直直墜下的尖叫，然後就氣得說不出話來，站在那兒直發抖，彷彿整個人隨時可能炸開似的。等她終於開口說話，她只說了一個字，讓我知道我非出面排解不可。

「伊博人（Ibo）！」她低聲罵道，聲音裡充滿惡意。

菲力蒲氣得向後踉蹌一步。伊博族是奈及利亞的一個少數民族，喀麥隆人對他們既畏懼又厭惡；在喀麥隆境內罵某人是伊博人，那可是要出人命的羞辱。我在菲力蒲恢復鎮靜、出手傷害老太太之前，及時出面。我先安慰老太太，承諾將賠償她的紗籠及花生油，再盡量安撫仍氣得冒煙的菲力蒲，答應他將從我私人的衣櫥裡挑出一件襯衫、一條新短褲和一雙新襪子送給他，最後再把全身黏答答的喬琪娜解開，牽她去另一個地方綁起來，免得她再繼續攻擊當地民眾，害我荷包受重創。

即使如此，我仍無法阻止喬琪娜繼續搗蛋。我把她綁在一樓陽臺下面，很不幸，我們用來作浴室的那個房間就在旁邊；房間裡擺了一只圓形的大塑膠盆，每天晚上員工會來加水，讓我們把身上積了一天的汗水塵土洗掉。用這個盆子洗澡有點困難，因為它太小，若想躺下來泡個熱水澡，必須把腿整個伸出盆外，擱在一個木頭箱上。又因為塑膠盆很滑，一旦躺下去，再想起身拿肥皂、毛巾或其他必需品，頗費周章。雖然這不是世上最舒適的澡盆，但在當時情況下，已是難得的享受了。

蘇菲熱愛泡澡，每次她泡澡的時間比誰都久。她喜歡躺在溫水裡，完全放鬆，抽根香菸，點一盞防風燈看看書；可惜那天晚上她無法泡澡。那天晚上，一位員工走進來，以所有員工慣有的、像在策畫某種陰謀的表情對我們宣布，「吸糟水準備好了，夫人！」蘇菲拿起她的書和香菸盒，慢慢踱進浴室，卻發現浴室已被喬琪娜捷足先登了。喬琪娜發現綁她繩子的長度，以及我綁她的位置，允許她進入這極有趣的房間。此時她正坐在澡盆旁，把毛巾浸在洗澡水裡，一邊非常滿意地咕嚕咕嚕自言自語。蘇菲把喬琪娜趕出去，請員工再拿一條毛巾進來，關了浴室門，脫了衣服，坐進浴盆裡。

可惜蘇菲立刻意識到，很不幸，她沒把門關緊。喬琪娜從來沒看過人類洗澡，怎肯輕易放棄這個機會呢？她撲到門上，將門推開。蘇菲立刻陷入兩難：此刻她卡在澡盆裡，若想爬起來把門關上，得費點周章，可是浴室門敞開，她躺在那兒也不是辦法。於是蘇菲很吃力地從澡盆裡探身去拿她的衣服（幸好就擺在澡盆旁邊），喬琪娜一看，登時覺得好玩的遊戲開始了，跳過去一把搶走蘇菲的衣服，抱在自己毛茸茸的胸前，奔出浴室。浴室裡現在只剩下毛巾了，蘇菲掙扎著爬出澡盆，捉襟見肘地遮住身體，確定浴室外沒人之後，走出去想取回衣服。喬琪娜看見蘇菲開始跟她玩遊戲了，歡喜地吱吱叫個不停，等蘇菲撲過來，立刻一閃身，奔回浴室，並且火速將蘇菲的衣服浸到澡盆裡。蘇菲驚叫一聲，喬琪娜大受鼓舞，抓起蘇菲的香菸盒，也丟進澡盆裡——可能想看看香菸盒是否會浮起來。結果香菸盒沉下去，四十多根香菸卻可憐兮兮地浮到水面上。接下來，喬琪娜不遺餘力地想討好蘇菲，把整盆水都倒出來。我聽見浴室裡吵嚷不休，決定去一探究竟，抵達現場時正好看見喬琪娜矯捷地跳進澡盆裡，在濕漉漉的香菸和衣服堆裡跳上跳下，有點像在踩葡萄做葡萄酒。眾人花了好長一段時間，才把興奮到極點的狒狒請出去，再替蘇菲換上一盆乾淨的洗澡水、找來香菸及換洗衣服……一切搞定，晚餐已經涼了。感謝喬琪娜，帶給我們這麼刺激的晚上。

不過在所有猿猴家族成員當中，帶給我們最多歡笑的是人猿（ape）。我們蒐集到的第一頭人猿，是一頭雄性寶寶。那天早晨他斜倚在一名獵人的臂彎裡，像來自東方的君王，僱人把他抬來，滿是皺紋的小臉上，帶著貴族睥睨平民的嘲弄表情。當我為了買他和獵人討價還價之際，他一直靜靜坐在休憩館的臺階上，用充滿智慧與鄙夷的棕眼注視我們，彷彿我們居然在有他那樣的家世及出身的黑猩猩面前，為了骯髒的錢這樣爭論不休，令他非常反感。等價錢終於談妥，汙穢的鈔票易手之後，這位猿類貴族紆尊降貴地讓我牽住他的手，隨我走進我們的客廳，用難以掩飾的厭惡表情環視周遭，就像一位公爵走進家僕的廚房去探病，心裡雖然討厭這差事，仍下定決心將為促進平等以身作則。他坐上我們的桌子，接受我們寒傖的獻禮——一根香蕉，神情中流露出一位顯貴人物對自己注定一生將接受無限榮耀的疲態。我們在那一刻決心將為他取一個配得上他貴族血統的名字，便稱他為「強穆力聖約翰」[18]。和我們稍微熟識之後，他允許我們暱稱他為「強穆力」，或是情急之下，偶爾叫他「該死的人猿」！當然，稱呼他後面這個名號，總令我們感覺自己犯下冒犯皇族的「大不敬」之罪。

18 Cholmondeley，英國貴族姓氏。

我們替強穆力造了一個籠子（引起他激烈的反對），每天只在有人監督的狀態下放他出籠幾次。比方說，每天一大早，他可以出籠，陪同端早茶的員工進我們臥室。他會奔過房間地板，跳上我的床，敷衍地給我一個濕吻，算是打過招呼，然後一邊「啊！啊！」叫個不停，一邊監督我們把茶盤擺對位置，並確保他的茶杯（一只耐摔的大錫杯）也擺在茶盤上；再坐下來，仔細看我把牛奶、茶及糖（五匙！）倒進他的大杯子裡，用一雙興奮得不斷發抖的手接過去，把臉埋進杯裡，發出放一大盆洗澡水的噪音，把他那一大杯茶一口氣喝光！他會把茶杯愈舉愈高、愈舉愈高，直到茶杯倒立在臉上，才會停下來，而且停很長一段時間，等最後一丁點半融化、甜蜜蜜的糖漿也滑進他張大的嘴裡。終於確定杯底的糖全倒出來之後，他才會長嘆一口氣，若有所思地打個大嗝，把杯子遞還給我，並隱約希望我會為他續杯。確定這個願望不可能實現之後，他會靜靜看我把我的茶喝完，才開始逗我開心。

為了逗我開心，他發明了好幾種遊戲，每一種遊戲在大清早玩起來都很累人。首先，他會潛行到床尾蹲下來，不時回頭偷瞄我，確定我在看他之後，便把冰冷的手伸進我床單底下抓我的腳趾；這時我應該探身過去，假裝發怒，大吼一聲。他會應聲跳下床，跑到房間最遠的角落，回頭瞅我，棕眼裡帶著幸災樂禍的笑意。我玩膩了這個遊戲，就會假裝睡著，他會小心翼翼跳上床、慢慢爬到床頭，貼近端詳我的臉數秒鐘，然後長手一伸，用力扯我的頭髮，在我還來不及抓住他之前又跳去床尾；我若抓到他，就會用雙手圈住他脖子，搔他的鎖骨，他會不停扭來扭去，張大嘴巴，兩片嘴唇往後扯，露出一大片粉紅色的牙齦和兩排白牙，像個小孩似地歇斯底里咯咯笑個不停。

我們蒐集到的第二頭人猿，是一隻個子很大、五歲的母黑猩猩米妮。有一天一位荷蘭籍的農夫突然來訪，表示他願意把米妮賣給我們，因為他即將遠行，不願把米妮交給屬下，任他們擺布；但我們必須去接米妮。荷蘭人的農場遠在八十公里外一個叫「聖塔」（Santa）的地方，我們安排找一天開國王的路虎越野車去看那頭黑猩猩，如果她還算健康，就買下她，帶她回巴福特。那天我們帶一個大木箱，清早出發，心想應來得及趕回家吃晚午餐。

前往聖塔，必須駛出巴福特山谷，攀登超過九十公尺陡峭的巴門達斷崖（Bamenda escarpment），再駛入斷崖後方的重重山脈。清晨的濃霧籠罩四野，極目遠眺，到處一片煙白。大地等待太陽將霧靄拉回天空，一擎擎懸掛如不堪負荷、漸次傾倒的巨柱，靜靜躺在山谷裡，山丘的峰頂彷彿從牛奶池裡戳出的一座座奇異島嶼，浮在一片了無生氣的死海當中。往山上爬升愈高，車行速度愈慢，一陣陣微風如痙攣般有氣無力地吹捲起一團團濃霧，推上道路，像一個接一個慘白的巨型變形蟲，打著轉衝過路面。車子經常剛轉一個彎，便驀地駛進大霧中，能見度不超過數公尺。有一次我們蝸行想駛出霧區，驚見前方似乎出現一對象牙。急剎車之後，才看清楚原來是一群長角富拉尼牛站在霧中，將我們的車子緊緊包圍，每頭都極感興趣地往車窗內瞧。這群深巧克力色的富拉尼牛，身軀龐大健美，水汪汪的眼睛也巨大如盤，一對白色的巨角橫展，有些寬達一百五十多公分。牠們緊緊把我們夾在中間，從鼻孔裡噴出一團團白煙狀熱氣，使早晨冷冽的空氣充斥一股甜甜的牛味，領頭的那頭牛戴了牛鈴，只要牠的頭稍稍移動，便傳出一陣悅耳的鈴聲。我們坐在車裡與牛群對望數分鐘之後，才聽見尖銳的口哨和叱喝聲，接著趕牛人從霧中現身；是一位典型的富拉尼人，身材修長，五官細緻，鼻梁挺直，神似古埃及壁畫中的人物。

「我看到你啦，我的朋友。」我高叫。

「早上好，先生。」他咧嘴回答，同時用力拍一頭巨牛綴滿露珠的脇部。

「吶，你的牛？」

「是，先生。吶，我自己的。」

「帶牠們去哪邊？」

「去巴門達，先生，去市場賣。」

「你可以把牠們移走，讓我們過去嗎？」

「好的，先生，好的。」他又咧嘴笑笑，然後高聲叱喝，並在牛群間靈活穿梭，不時用手中的竹杖用力在牛身側敲幾下，把牛群往濃霧裡趕。領頭母牛的牛鈴繼續敲著，鈴聲清脆悅耳，和著巨牛知足的哞哞叫聲。

我對著高個子趕牛人的背影高喊，「謝謝你，我的朋友！好走！」

「謝謝你，先生，謝謝你。」他的聲音從霧中傳出，混在此起彼落、彷彿低音管的牛鳴聲中。

等我們抵達聖塔時，太陽已高掛天空，山的顏色轉為金綠，山腰上仍橫披一縷縷頑固不肯離去的山嵐。我們找到荷蘭人的房子，卻發現他臨時被叫走了；但米妮在家，她才是我們來此的目的。米妮住在荷蘭人替她蓋的一片圓形圍場內，四周築起高牆，牆內陳設簡單卻很實用，只有四棵枯木插在水泥地上，以及一棟裝有一扇旋轉門的小木屋。從外面想進圍場，必須從高牆邊降下一道吊橋，跨過包圍米妮住所乾涸的護城河。

米妮個子很大、很壯，身高約一百公分，坐在其中一株枯樹枝椏上對我們行注目禮，表情有點茫然，但還算友善。我倆你看我、我看你，對望了約莫十分鐘，我趁機努力揣測她的性格。儘管荷蘭人向我保證米妮性情溫馴，但經驗告訴我，再溫馴的黑猩猩，若一見你就討厭，糾纏起來肯定讓你吃不了兜著走。米妮雖然不高，但身軀壯碩，不可小覷。

互相打量結束，我放下吊橋，手挽一大串香蕉，進入米妮的圍場；萬一我對她性格評估錯誤，希望用這串武器買到足夠的逃亡時間。進入她的地盤之後，我席地而坐，將香蕉擱在大腿上，等待米妮主動向我示好。她坐在樹上頗感興趣地瞅我，不時若有所思地用一隻巨掌拍拍自己圓圓的大肚子。過了一會兒，決定我應該無害，便從樹上爬下來，大步跑到我前面，在距離我約一公尺的地方蹲下，對我伸出一隻手，我一臉正經地握一握；接著輪到我獻上一根香蕉。她接過去吃了，邊吃邊發出滿意的哼哼聲。

米妮在半小時之內，便把那串香蕉全部吃光，我倆也建立起某種程度的友誼；我們互相擊掌唱遊，再繞園場彼此追逐，衝進衝出她的木屋，還一起爬上其中一棵樹。我決定這時可將大木箱介紹給米妮了。木箱搬進園場後，放在草地上，蓋子先不移開，給米妮足夠的時間檢查，讓她安心。接下來的問題是：怎麼做才能把米妮請進木箱裡而不致於，第一，嚇到她；第二，被她咬。米妮從小到大從來沒被關在小籠子裡，我預料執行這個計畫會很棘手，她的主人又不在，沒人能指揮她。

於是，接下來三個半小時，我努力示範給米妮看，大木箱絕對不危險。我鑽進木箱裡坐下、躺下；爬到木箱頂上跳跳跳；甚至把木箱揹在背上，像隻怪烏龜爬來爬去。米妮雖然欣賞我的表演，對箱子卻仍持保留態度。我心裡清楚，想把她關起來，我只有一次機會。如果第一次嘗試搞砸了，讓米妮知道我真正的意圖，之後無論我再怎麼哄她、騙她，她也絕不會再接近那個木箱。我必須十分穩當地把她誘騙到木箱旁，然後把木箱往下蓋、罩住她。因此，接著我又花了四十五分鐘，卯足了勁，終於引誘她坐到底朝外的木箱前面，而且敢伸手進木箱裡去拿香蕉。

我先在木箱裡放一串特別肥美的香蕉作餌，自己坐到箱子後面，也拿起一根香蕉來吃，一邊若無其事地假裝欣賞風景，就像我壓根兒沒想到捕捉黑猩猩這種事。米妮慢慢往前移，不時偷瞄我一眼，最後蹭到木箱前，貪心地盯著那串香蕉看。她迅速瞥我一眼，見我仍在專心吃水果，便探身往前，頭及肩膀消失在木箱內。我立刻用全身的力量把木箱往下壓，將米妮罩在箱底，再跳到箱頂坐下，不讓米妮有機會把箱子拱掉。鮑伯也在此刻衝進圍場，跟我一起坐在箱子上，然後我倆戰戰兢兢、萬分小心地把箱蓋從下面一寸一寸闔上、再將整個箱子轉正、用釘子把箱蓋釘牢。這期間，米妮一直透過木板節孔惡毒地盯著我看，同時可憐兮兮地哭訴「嗚……嗚……嗚……」，彷彿為我卑鄙齷齪的背叛行為痛心疾首。

木箱終於釘好之後，我擦掉臉上的汗，點燃一根想了很久的香菸，看看錶——捕捉米妮一共耗時四個小時又十五分鐘；我在心裡估算一下，就算去捕捉一頭在森林裡跳來跳去的野生黑猩猩，所需時間大概也差不多吧！我們疲倦地將米妮搬上路虎吉普車，駛回巴福特。

我們早已在巴福特用金屬角架替米妮造了一個大籠子，面積雖比不上她以前的家，但至少一開始不會給她太大的壓迫感。再過一段時日就得為返國的航程準備，米妮必須適應被關在小籠子裡。米妮習慣自由自在，所以我想多給她些時間，逐漸接受被關起來的狀態。我們把她放進新籠子裡的時候，她把每一個角落都仔細探索一遍，不時低哼幾聲，表示稱許。她用雙手掛在鐵絲網上，再吊在棲木上晃幾下，測試它們的堅固程度。接著我們給她一大盒綜合水果，和一只裝滿牛奶的白色塑料碗，換得她一陣短促宏亮的欣喜叫聲。

國王聽說我們計畫去領米妮之後，顯得十分感興趣，因為他從來沒見過活的成年黑猩猩。當晚我捎信請他過來喝杯酒，順便看看米妮。天剛黑國王就來了，他身穿一件綠紫相間的長袍，由六位內臣及兩名寵妻陪伴。寒暄之後，我們舉杯對飲當晚第一杯酒，小敘一番，接著我便提著汽化燈，領國王及扈從走到外面陽臺米妮的籠子前面。乍看之下，籠子似乎是空的，我把汽化燈舉高，大家才看清楚原來米妮已經上床安寢了；米妮在籠子最遠的角落裡用乾枯的香蕉葉堆成一個舒適的窩，側身躺著，用一隻手墊在一邊臉頰下面，當作枕頭，還用我們給她的舊麻袋當作被子，整齊地蓋住身體，夾在兩邊腋下。

「哇！」國王萬分驚異地說，「牠睡覺跟人一樣！」

「對！對！」內臣們齊聲唱道，「牠睡覺跟人一樣！」

米妮被燈光及人聲吵醒，睜開一隻眼睛查看，看見國王一行人，決定或許他們值得進一步調查，便小心掀開痲袋被，搖搖擺擺走到鐵絲網旁。

「哇！」國王說，「這隻牛肉跟人一樣一樣欸！」

米妮仔細把國王上下打量一遍，顯然認為此人值得哄騙，可能會陪她玩，便用兩隻巨手在鐵絲網上猛敲一陣。國王一行人急急後退。

「不用怕，」我說，「她是在搞笑。」

國王一臉驚喜，慎戒趨前，然後小心翼翼往前傾，也用手掌在鐵絲網上拍一下。米妮可樂了，立刻像射出一排連發子彈似地再敲一陣，作為回應。國王被嚇得又往後退一步，緊接著呵呵大笑。

「看牠的手、看牠的手，」國王上氣不接下氣地說，「牠的手跟人一樣！」

「對！對！牠的手跟人一樣！」內臣們說。

國王低下身，又在鐵絲網上敲了幾下。米妮再度回應。

「她跟你合奏音樂。」我說。

「對，對，這是黑猩猩的音樂！」國王說完，又大笑一陣。策略成功，米妮大受鼓舞，興奮之餘，先繞著籠子跑了兩、三圈，再跳到棲木上表演兩個後滾翻，然後走回籠子前面，抓起裝牛奶的塑膠碗，倒扣在自己頭上，就像戴一頂滑稽的鋼盔。這一招引起國王和他內臣及愛妻如雷的笑聲，惹得村子裡超過半數的狗跟著一起狂吠。

「牠戴帽子！牠戴帽子！」國王抱著肚子，笑得差點喘不過氣來。

我意識到此刻想把國王從米妮身邊引開，絕不可能，便喚人把桌椅和酒及飲品全搬到陽臺上米妮的籠子旁邊。接下來半小時，國王坐在那兒，一會兒啜一口酒，一會兒笑得噴酒，米妮則像馬戲團的老牌動物明星，大做其秀。等米妮終於表演累了，便走到籠邊，隔著鐵絲網在國王身旁坐下，極感興趣地看國王喝酒，頭上仍戴著她的塑膠碗頭盔。國王眉開眼笑地俯望她，往前靠，他的臉距離米妮的臉只有十幾公分。然後國王舉起酒杯說：

「醒！醒！」

米妮接下來的反應完全出乎我意料之外，她把兩片活動自如、又大又厚的嘴皮子向外頂，開始吹氣，讓嘴皮猛烈抖動，發出吹口水泡泡的聲音；她這口氣非常長，吹得口沫橫飛。

國王被米妮這俏皮的回應逗得大笑不止，大家受到感染，也跟著笑得歇斯底里，停不下來。終於，國王努力控制自己，把眼淚擦掉，往前靠，也對米妮吹了一陣子嘴皮。米妮立刻回應。相較之下，國王吹嘴皮子的效果比米妮遜色太多，米妮震動嘴皮的聲音像機關槍，響徹整個陽臺。接下來整整五分鐘，國王和米妮你來我往、互相吐氣、比賽震動嘴皮子，直到國王不支先停下來（因為他笑得太厲害）。贏家無疑是米妮，無論質與量，她在震動嘴皮方面絕對棋高一籌，而且她控制呼吸的技藝精湛，每一口氣都比國王長很多，發出的聲音也渾厚多了。

等國王終於起駕回府時，我們目送他穿越廣闊的大院，偶爾轉頭對內臣們吹氣震動嘴皮子，後者總是笑彎了腰。米妮像一位結束宴客的社交名媛，滿臉倦容、打著呵欠走回她自製的香蕉葉床躺下，將一隻手墊在一邊臉頰下面，沉沉睡去。不過半晌，她的鼾聲已和她吹氣震動嘴皮子的聲音一般響亮，傳遍整個陽臺。

第三部

朝向海岸、朝向澤西

Coastwards And Zoowards

一封來信

先生，

我很榮幸充滿敬意地提交此信給您，說明如下：

一、您將遠離，令我至感遺憾。

二、在此關鍵時刻，我充滿敬意且虛心地請求您，我慈愛的主人，留下一封好介紹信，讓您的繼任者能夠徹底了解我。

三、雖然我服侍過許多主人，比起所有前任者，我最感謝您的方式。

因此，主人若願意為我留下一些腳印，我將珍惜它，勝過所有君主的國土。

有幸成為您

順從僕人的

菲力蒲・歐納卡（廚子）

第七章

行囊裡的動物園

A Zoo in Our Luggage

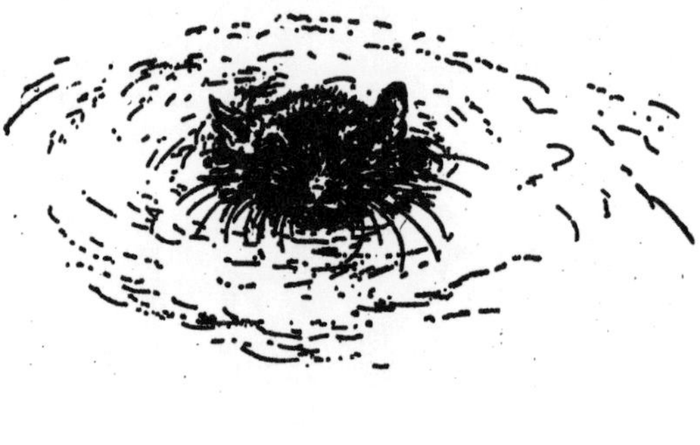

準備離開巴福特、坐將近五百公里的卡車去海岸的時刻終於來臨。出發以前，有太多的工作待完成。從很多方面來看，其實這是遠征蒐集動物最煩人、最危險的時段。首先，光是把你養的動物裝上卡車，走那麼遠的距離，沿途路況全像坦克車訓練場，就是一項艱鉅的任務。除此之外，還需要安排其他絕不可少的重要補給品。漫長航程所需的食物，得在港口等著你；訂購食物絕不能出錯。若沒有足夠、合格的食物補給，怎麼能帶兩百五十頭動物上船，度過為期三週的航程呢？每個籠子都必須仔細檢查，使用六個月後造成的任何缺陷或毛病都必須修復，因為你絕不能冒險讓動物在船上逃脫。因此，所有獸籠都必須安裝新的鐵絲網、門扣或門鎖；籠底若出現一點點磨損的跡象，就必須換新……除此之外，還有數不清的次要維修工作必須完成。

若將這些原因全列入考慮，早在離開基地、前往海港的一個月前就開始準備，也不足為奇。怪的是，從那時候開始，所有的人事物彷彿都密謀聯合起來跟你過不去：當地人一萬個不願意你這絕佳的收入來源消失，莫不加倍努力出外打獵，好在你離開前賺到最後一分錢。這表示你不僅得修舊籠子，還得加緊造新籠子，才能應付如潮湧進的新到動物；當地的報務員突然全體精神錯亂，把你收發的電報改得體無完膚、不知所云。你焦急等待為航行準備補給品的食物供應商發來確定的電報，卻收到這樣一行字：「**丟掉信息抱歉我不是金銀焦半熟可以嗎？**」試問，這樣的電報能紓解你的緊張情緒嗎？經過多道麻煩手續，加上一筆可觀的費用，你才恍然大悟，原來那封電報在說：「**收到信息抱歉找不到全綠香蕉半熟可以嗎？**」

不消說，動物們很快也感覺到風雨欲來，於是每隻動物都以獨特的方式來安撫你的緊張情緒：生病的病得更嚴重，整天虛弱又蒼白地瞪著你，讓你覺得牠們肯定無法活著抵達海港；最珍奇、無法取代的動物，全想辦法脫逃，成功逃脫的又不走遠，留在附近折磨你，叫你浪費寶貴的時間去抓牠們；必須吃特殊食物（例如酪黎或地瓜）才能存活的動物，這時突然決定不喜歡這些特殊食物了，於是你必須瘋狂發電報，取消你為了航程訂購的大批特殊美食。總之，這段時間煩人的事特別多。

由於每個人都心事重重、神經緊張，於是每個人都容易做傻事，把情況搞得更混亂。爪蟾（clawed toad）事件即是最好的例子。若有人第一次看見爪蟾，認為牠是青蛙，絕對情有可原。爪蟾體型小，頭像青蛙鈍鈍的，而且皮膚光滑，一點都不像癩蛤蟆；而且牠們幾乎完全水生，這個特性也不像癩蛤蟆。在我看來，爪蟾是頗無趣的一種動物，百分之九十五的時間都一副縱情恣意的德性泡在水裡，偶爾才會射出水面，很快吸一口氣。但鮑伯為了某種我無法理解的原因，特別喜歡這種素質不佳的癩蛤蟆，並引以為傲。我們總共蒐集到兩百五十隻爪蟾，全養在一個大塑膠盆裡，放在陽臺上。平常若看不見鮑伯，你幾乎可以確定他肯定又一臉自豪的表情，蹲在那一大鍋不停扭動的癩蛤蟆旁邊。

有一天，大悲劇發生了。

雨季剛開始，驕陽日日被傾盆大雨打斷；每天雨只下一小時左右，但在那一小時內，降雨量驚人。那天早晨，鮑伯照例趴在爪蟾盆邊緣，跟牠們輕聲細語講話，結果開始下雨了，鮑伯突然覺得若把盆子移到雨中，爪蟾必定會十分感激，於是小心翼翼將爪蟾盆抬到臺階頂端；這個位置選得太妙了，不但能被雨淋到，而且還把沿著屋頂往下流的雨水接個正著。接著鮑伯跑去做別的事，把這件事忘得一乾二淨。雨不斷下著，彷彿老天爺決心維護喀麥隆乃世上降雨最多地區之一的美譽，爪蟾盆裡的水愈積愈滿，隨著盆內水位不斷升高，眾爪蟾也跟著不斷往上浮，直到牠們全擠在塑膠盆邊緣往外瞅。雨只要繼續下，不論爪蟾願不願意，都將隨著溢出的水被沖出盆外。

我沒錯過這極具教育性的一幕，因為我聽見鮑伯的慘叫聲；他驚覺災禍臨頭，隨即發出一聲淒厲的長嚎，把每個人都嚇一跳，從各個角落奔去事發現場。塑膠盆還擺在臺階頂端，但盆裡一隻爪蟾也不剩，雨水仍不斷嘩嘩往外流，繼續把鮑伯心愛的兩棲類往下沖。整道臺階已變成黑色，滿滿都是在激流中不斷滑行、跳躍及滾動的癩蛤蟆。鮑伯站在這道由兩棲類形成的尼加拉大瀑布當中，像隻興奮的大白鷺，眼神狂亂，左跳右跳，拚命抓蛤蟆。想捉爪蟾可不簡單，不比撿一滴水銀容易多少。牠們除了全身滑溜溜之外，體型雖小，力氣卻大，踢人和扭動時出人意料地勁道十足。此外，牠們的後腳長了又小又尖的爪子，當牠們

用肌肉結實的後腿用力踢的時候，會把人刮得很痛。此刻鮑伯一會兒痛得呻吟、一會兒又痛得破口大罵；因為他沉不住氣，很不適合捕捉爪蟾，每次他撈起一手的爪蟾，就想趕快蹦上臺階，把爪蟾放回塑膠盆裡，爪蟾卻總能從他手指間擠出去，摔回臺階上，然後立刻又被水往下沖。最後，我們五個人花了四十五分鐘才把所有的爪蟾都捉住、放回盆裡；而且就這麼巧，我們剛奮鬥完畢，雨就在那一刻停了。

「你想釋放兩百五十隻動物，至少應該挑個晴天來放生，而且應該選一種比較容易撈的吧?!」我沒好氣地對鮑伯說。

「我大概中了邪，怎麼會做這種傻事。」鮑伯憂傷地盯著那一盆爪蟾，爪蟾們出盆玩耍這麼久，每一隻都顯得精疲力竭，一動也不動地浮在水面上，以牠們慣常鼓突大眼、目光空洞的表情回瞪我們。「希望牠們沒受到任何傷害。」鮑伯說。

「噢，你不用擔心我們！我們在大雨裡跑上跑下，得肺炎也無所謂，只要這些醜八怪沒事就好！要不要幫牠們量量體溫呢？」

「你知道嗎？」鮑伯完全不理會我的冷嘲熱諷，皺著眉頭說，「一定有些逃掉了……看起來好像比以前少很多啊。」

「我可不想幫你數。今天我已經被爪蟾抓夠了，這輩子都不想再被抓了！你可不可以不要再管牠們了，去換衣服好不好？如果你現在開始數，又他媽的得把牠們全倒出來！」

「你說的也對。」鮑伯嘆口氣說。

半小時之後，我放黑猩猩強穆力．聖約翰出籠做牠的晨間運動，結果很愚蠢地讓牠離開我的視線十分鐘。我一聽到鮑伯的叫聲——只有被逼得跨越精神崩潰邊緣的人才會那樣哀嚎！——立刻用眼睛去搜尋強穆力聖約翰，結果看不見他，頓時明白肇事者肯定是他。我趕快衝到外面陽臺上，看見鮑伯站在那兒絕望地絞手，強穆力卻坐在臺階頂端，一副無辜的模樣，頭上的天使光環若隱若現。裝爪蟾的塑膠盆已經掉到臺階一半的地方，面朝下倒扣在階梯上，下半段的階梯、以及臺階下方的院子裡，像長了天花似的，滿是蹦蹦跳跳、急著逃竄的爪蟾。

我們在大院的紅土地上溜滑一個小時之後，才把最後一隻爪蟾放回塑膠盆裡。鮑伯氣喘吁吁地把盆子抬起來，沉默地跟隨大家爬上臺階，走到臺階頂端，他沾滿泥巴的鞋子滑了一下，鮑伯摔了一跤，裝爪蟾的盆子又滾到臺階底下；所有的爪蟾第三次快樂地往更寬廣的世界跳了出去。

強穆力聖約翰還造成另一次逃亡事件，不過那一次比爪蟾事件有趣，也沒那麼累人。當時我們總共蒐集到十四隻當地常見的睡鼠；這種睡鼠跟歐洲睡鼠（European dormouse）長相類似，但毛為淡淡的煙灰色，尾巴較大且蓬鬆。這群睡鼠住在一個大籠子裡，相處融洽，每天晚上都為我們表演精采的特技，逗我們開心。我們認得其中一隻，牠跟別的睡鼠長得很不一樣，因為牠的脇部有一顆極小的白色星狀斑紋，就像牛身上的烙印。這隻身手特別矯健，遠距離跳躍及空中翻滾都神乎其技，令我們嘆為觀止。因為牠具有雜耍明星的特質，我們替牠取名為柏川德。

有一天早晨，我照例讓強穆力．聖約翰出籠「放風」，他表現良好。可惜有那麼一瞬間，我以為賈姬在看他、賈姬以為我在看他；強穆力隨時都在等待這樣的機會來臨。等我們發現，忙著找他，已經太遲了。強穆力找到一個娛樂自己的方式，他把睡鼠的臥室籠門打開，再把籠子倒過來，可憐的睡鼠們本來好夢正酣，突然全被倒在地上。等我們趕到現場，只見慌亂的睡鼠們到處奔竄，想找地方躲藏，強穆力卻在陽臺上衝來衝去，想用腳踩牠們，一邊開心地「嗚嗚嗚」叫個不停。等我們把肇事的猩猩逮住、訓斥一番，已經一隻睡鼠也看不見了，因為牠們全躲進一排排的獸籠後面，繼續牠們被打斷的睡眠。我們只好把所有的獸籠一個接一個地搬出來，然後把所有的睡鼠一隻接一隻捉回籠裡。第一隻現形的睡鼠正是柏川德，牠從一個猴籠後面竄出，朝陽臺另一頭飛奔過去，鮑伯拔腿在後面追，縱身往柏川德身上撲過去，我緊張大吼，想警告鮑伯：

「小心牠的尾巴！……別抓牠的尾巴！……」可是我叫得太遲了。鮑伯看見柏川德肥胖的小身體又想擠進另一排籠子後面，立刻伸手去抓牠身上最容易被抓住的部位，也就是牠的尾巴；結果很慘。所有的小型嚙齒動物，尤其是睡鼠，尾巴上的皮膚都非常細嫩，如果牠們企圖逃走，你卻去抓牠們的尾巴，尾巴上的皮膚就會像脫手套似地裂開、剝落，只剩下一束肌肉。這個現象經常在小型嚙齒動物身上發生，讓我覺得這可能是牠們的一種防禦機制，和蜥蜴被捉住的時候斷尾沒兩樣。鮑伯跟我一樣了解嚙齒動物這個特性，但追捕時一時情急忘了，於是柏川德成功躲到獸籠後面，鮑伯只捉到一段軟答答、毛茸茸的尾巴，捏在拇指和食指間。後來我終於捉住柏川德，牠微微嬌喘，肥嘟嘟地坐在我手掌上讓我檢查，尾巴去了皮，變成噁心的粉紅色，就像下鍋前的一截牛尾。動物發生這種情況，好比人的一條腿突然被剝皮，只剩下骨頭和肌肉暴露在外。但是動物通常完全不受影響。過去我碰過不少嚙齒類遭遇類似情況，尾巴少了皮，過一陣子就會乾掉萎縮，最後像根枯枝似地斷掉，但少了尾巴的動物仍可以好好活著。然而對柏川德來說，沒尾巴的後果卻比較嚴重，因為尾巴是牠表演特技時重要的平衡道具。柏川德身手特別矯健，或許少根尾巴不致造成大礙，但對我們來說，已經不適合讓柏川德繼續表演；我們唯一能做的，是切除牠的尾巴，然後放牠自由。手術結束，我們感傷地把牠放在九重葛纏在陽臺欄干的粗莖上，期望牠能在這裡安家落戶，等習慣沒尾巴之後，還能夠表演特技，娛樂休憩館未來的嘉賓。

柏川德用粉紅色的小爪子緊緊抓住九重葛的莖幹，坐在那兒左顧右盼，細密得像一片擋風玻璃的鬍鬚不斷顫抖。然後牠迅速地、而且平衡感顯然絲毫不受影響地跳到陽臺欄杆上，再跳到地上，接著往陽臺另一頭那排籠子奔過去。我以為牠受驚嚇糊塗了，便把牠捉起來，又放回九重葛莖幹上。但每次我一放手，牠就重複剛才的動作，結果我把牠放生五次，每一次牠都立刻跳下地、直奔陽臺彼端的籠子。我終於被牠的愚蠢打敗，乾脆走到陽臺最遠的角落，把牠放在那邊的爬藤上，不再管牠了，心裡希望到此結束。

我們在睡鼠籠子上面堆了一團廢棉，當睡鼠臥室裡的墊料變得太不衛生時，就用這些廢棉來更換。那天晚上我去餵睡鼠，覺得墊料該換了，便先把睡鼠愛藏在臥室裡的各種寶物移開，再把所有弄髒的棉墊料拿出來，準備換新的。我把手伸進籠頂那一大團廢棉，想扯出一堆時，卻突然感覺拇指被咬了一口，令我心頭一震。一來，這完全出乎我的意料；二來，有個念頭一閃而過，我怕咬我的是蛇。幸好，我很快就安心了，因為我再去碰那團廢棉時，柏川德的小臉突然露出來，一副氣憤的表情，對著我吱吱叫個不停。我有點火大地把牠揪出來，塞回九重葛枝葉間。牠憤慨地抓住一根花莖，一邊岌岌可危地左搖右晃，一邊喋喋不休不停抱怨。兩個鐘頭之後，牠又鑽回那團廢棉裡了。

我們鬥不過牠，只好隨牠去，可是柏川德的故事還有下文。他在住宿方面逼我們屈服之後，便開始攻略我們在另一方面的同情心。每天晚上，當所有睡鼠紛紛從臥室裡走出來，興奮又快樂地尖叫著迎接牠們的食盤時，柏川德就會爬出牠的棉床，沿著睡鼠籠子前方的鐵絲網爬下來，然後吊在鐵絲網中間，可憐巴巴地往內瞅，看著別的睡鼠忙著啃咬食物，或是把最上選的香蕉、酪梨塊搬回自己的臥室藏起來（睡鼠的這個習慣很奇怪，可能是未雨綢繆，為夜間饑荒準備吧）。目睹同伴們踉踉蹌蹌，忙著搬運多肉多汁的可口水果，掛在鐵絲網上的柏川德看起來可憐透了。我們終於投降，也替牠準備一小盤食物，擺在籠子上面。柏川德的計謀終於得逞；讓牠在籠子外面吃和睡，實在可笑，我們把牠捉住，放回籠裡。牠立刻安頓下來，彷彿從來沒離開似的，只不過顯得比以前更洋洋得意。碰到一隻拒絕被釋放的動物，你又能怎麼辦呢？

我們終於漸漸地感到諸事皆在控制之中：所有待修的籠子都已修好，每個籠子前面都裝了麻布簾子，旅行途中可以放下；毒蛇的籠箱上方都釘好雙層薄紗，以防意外發生，而且箱蓋都用螺絲釘旋緊；包羅萬象的裝備──從絞肉機到發電機、從皮下注射針頭到磅秤──全裝進木箱裡釘牢；攝影用的紗網帳篷也和巨大的防水布折疊在一起，現在只等著卡車隊來接我們去海岸了。出發的前一天晚上，國王來跟我們喝餞行酒。

「哇！」他悲傷地叫道，再啜一口酒，「我的朋友，你要離開巴福特，我太難過了。」

「我們也難過，」我誠心答道。「我們在巴福特有快樂時光，而且我們得到很多好牛肉。」

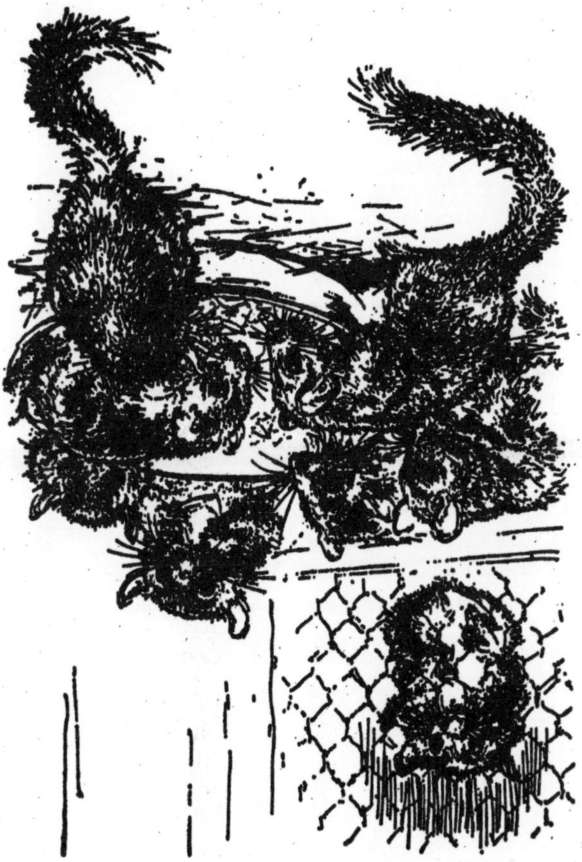

「你為什麼不去留在這裡？」國王問我。「我去給你一塊地，蓋一間好房子，然後你去蓋你的動物園，在巴福特，然後所有的歐洲人都去從奈及利亞來看你的牛肉。」

「謝謝你，我的朋友。也許下一次，我回來巴福特蓋一間房子。吶，這是個好主意。」

「好！好！」國王舉杯說。

在休憩館下方那條路上，一群國王的孩子正在合唱一首我從來沒聽過的巴福特民謠，聽起來如此憂傷。我趕忙將錄音機找出來，但就在我把線路全裝好的那一剎那，孩子們卻突然不唱了。國王看著我準備機器，顯得極感興趣。

「你用那個機器，可以收到奈及利亞嗎？」

「不行。這個只能錄音，不可以當收音機。」

「噢！」國王聰明地應聲。

「如果你的小孩上來這裡，再唱那條歌，我去給你看怎麼操作這臺機器，」我說。

「好！好！好！」國王說完，對著等在漆黑陽臺上的一名妻子大吼一聲，她立刻跑下臺階，很快趕著一小群怯生生、不停傻笑的小孩走回來。我安排孩子們圍在麥克風前面，然後把手指頭放在開關上，看著國王說：

「如果他們現在開始唱，我就去錄唱片。」

國王莊嚴起身，像座塔似地站在孩子們前方。

「唱！」他對孩子們揮揮手中那杯威士忌，下達了命令。

孩子們害羞得厲害，剛開始唱得參差不齊、老出錯，後來逐漸拾回信心，便開始引吭高歌。國王用他裝威士忌的酒杯打拍子，整個人隨歌曲旋律左搖右晃，偶爾吼出幾句歌詞，與孩子們合唱。一曲唱完，他笑顏逐開地低頭讚許自己的骨肉。

「好！好！喝！」說罷，示意孩子們排隊走到他面前，合併雙掌朝上做成碗狀，等他逐一倒約一小杯只摻少量水的威士忌在孩子們粉紅色的掌心裡。我趁國王倒酒之際，將錄音機倒帶，然後把耳機戴在國王頭上，教他如何對準耳朵，接著開機重放。

國王臉上的表情不停變換，旁觀起來實在有趣。首先是難以置信；他將耳機摘下，狐疑地研究一番，接著又把耳機戴上，一臉驚異地聽了一會兒，然後他的嘴逐漸往兩邊裂開，整張臉變成一個既淘氣又開心、超大的笑容。

「哇！哇！哇！」他驚嘆不已地喃喃自語，「吶，這個太棒了！」接著十分不情願地摘下耳機，好讓他的幾位妻子及內臣們也輪流聽。一時間，整個房間充斥歡樂的驚呼與讚賞的彈指聲。國王接著堅持再唱三首歌，由他的孩子們伴唱，唱完之後逐一聆聽重播，溢於言表的喜悅未曾稍減。

「這臺機器太妙了，」他終於做出結論，一邊啜酒，一邊盯著錄音機看。「在喀麥隆買得到這種機器嗎？」

「不行，這裡還沒有。去奈及利亞有時候可以找到……拉各斯（Lagos）也許有，」我答道。

「哇！吶，太妙了！」他像在作夢地說。

「等我回國以後，會把你們唱的歌做成唱片，然後我去寄給你，這樣你就可以用你的唱機放來聽。」我說。

「好！好！我的朋友。」他說。

他又待了一小時才離開，臨走前慈愛地緊緊擁抱我，並表示明早車隊出發以前定會來和我們道別。隔天工作量繁重，將十分辛苦，我們正準備早早上床，卻聽見外面陽臺傳來輕輕的腳步聲和擊掌聲。我去開門，驚訝地看見國王年齡較長、形貌與他酷似的兒子福卡，站在陽臺上。

「哈囉，福卡！歡迎歡迎，請進！」我說。

福卡腋下夾了一包東西走進房間，對我羞赧地微微一笑。

「國王要我把這個交給你，先生。」他說完便把那包東西遞給我。我有點困惑地把它打開，裡面包了一根雕刻竹杖、一頂滿是刺繡的無邊小帽和一件黑黃相間的長袍，領口繡了極美的圖案。

「吶，這是國王的衣服，」福卡解釋，「他送給你。國王要我對你說，你現在是巴福特的第二個國王。」

「哇！」我叫了一聲，覺得好感動。「這麼好的東西，你父親對我真好。」

福卡看我這麼高興，也開心笑了。

「你父親現在在哪邊？他上床睡覺了嗎？」我問。

「不，先生，他去跳舞廳了。」

我把長袍套上，調整了袖長，再把繡花小帽戴上，一手抓起那根竹枴杖，另一隻手拿起一瓶威士忌，轉身對福卡說：

「我看起來帥嗎？」我問。

「帥，先生！吶，很帥！」他笑顏逐開地說。

「那好，帶我去見你父親。」

福卡領我穿越空蕩蕩的王府大院，經過無數小屋形成的迷陣，來到跳舞廳外，聽見鼓聲與笛聲從屋內傳出來。我踏了進去，在門口站定。樂手們看見我，震驚地不約而同停止奏樂，廳內的群眾全詫異地噤了聲，只傳出窸窸窣窣的摩挲聲響。我看見國王坐在大廳另一端，手舉酒杯，停在半空中。我知道接下來該怎麼做，因為我目睹過無數次內臣向國王致敬或有事相求的動作。全場鴉雀無聲，我穿越整座舞廳，身上的長袍在我行進間不斷沙沙摩擦我的腳踝。我走到國王座椅前，當著他先蹲屈雙腿，再擊掌三次，向他致

敬。大廳內持續安靜片刻，然後才爆出一片嘩然。

國王的眾妻子與內閣官員尖聲怪叫、歡聲雷動；國王笑得臉快裂成兩半，從椅子上跳起來，捉住我兩邊手肘把我拉起來，緊緊擁抱我。

「我的朋友！我的朋友！歡迎！歡迎！」他吼叫著，同時笑得全身發抖。

「你看！」我一邊說，一邊伸展雙臂，讓長袍的兩管長袖如兩面旗幟垂掛下來，「你看！我現在是巴福特男人了！」

「吶，真的！吶，真的！我的朋友！這衣服，吶，是我自己穿的。我給你，讓你做巴福特男人！」他高喊。

我們坐下來，國王繼續咧嘴對我笑。

「你喜歡我這件衣服？」他問。

「喜歡，吶，這件衣服好。你對我真好，我的朋友。」我說。

「好！好！現在你是國王，跟我一樣一樣。」他大笑。

然後他的目光憂戚地落在我帶來的那瓶威士忌酒上。

「好！」他重複，「現在我們來喝酒，有快樂時光！」

一直到清晨三點半，我才疲憊地把長袍脫掉，爬進蚊帳裡。

「你玩得開心嗎？」賈姬睏倦的聲音從她的床上傳過來。

「開心，」我打個呵欠。「可是當巴福特的副國王可真累人啊！」

隔天一早，卡車隊比我們要求他們來的時間早到一個半鐘頭。恭逢如此罕見的情況——相信在喀麥隆歷史上絕無僅有——我們裝車的時間變得很充裕。當你的貨物是一大群動物時，裝車就變成一種藝術。首先，所有裝備必須先上，獸籠必須盡量靠近後擋板，才透風。不過獸籠絕不能亂塞，必須像楔子互相楔牢，籠與籠之間空氣才能流通，而且絕對不能面對面，否則走到一半，猴子可能把一隻手伸進對面籠子的鐵絲網裡，然後被靈貓咬一口；或者，若把一隻貓頭鷹（貓頭鷹什麼也不用做，只要當牠的貓頭鷹，睜開眼睛往前看便可）放在一籠小鳥對面，每隻小鳥都會變得歇斯底里，等抵達目的地，搞不好統統死光了。除此之外，你還必須把所有不時需停車照料的動物裝在卡車最後面、最方便搆到的地方。

九點整，最後一輛卡車裝好，開到樹蔭下等待。我們抹乾臉上的汗，到陽臺上稍事休息，國王這時也來加入我們。

「我的朋友，」他看著我將酒杯滿滿斟上——我們將對酌共享的最後一杯威士忌。「你走我太難過了。我們在巴福特有快樂時光，對吧？」

「非常快樂的時光，我的朋友。」

「醒—醒！」國王說。

「開—心！」我答。

他陪我們走下那道長長的臺階，走到底後跟我們握手，然後把兩隻手放在我肩上，湊近對著我的臉瞧。

「我希望你跟你這些動物都走好，我的朋友，」他說，「然後很快很快抵達你的國家。」

賈姬和我爬進卡車悶熱的前座，引擎發出一陣咆哮，活了過來。國王舉起他的大手，像軍人般對我們敬個禮。卡車往前搖晃了幾下，揚起一團紅塵，猛烈顫抖地開上馬路，越過一重重金綠色的山丘，朝遠方的海岸駛去。

我們總共花費三天才抵達海岸。每次攜帶眾多動物旅行，都令人極度心煩、很不愉快，這一次也不例外。車隊每隔幾小時必須停下來，讓我們把裝小鳥的籠子全卸下來，放在路邊，鳥兒才能進食。若不經常停車，所有小鳥都會很快死光，因為牠們似乎無法在車子行進間吃東西。嬌弱的兩棲類每隔一小時左右就得拿出來裝進布袋裡，放進沿途溪流中浸泡一會兒，因為一旦駛進低地森林區，氣溫陡升，若不這麼做，兩棲類的身體會迅速乾掉、然後死亡。沿途路面滿是坑洞及轍溝，卡車顛顛簸簸、左搖右晃、猛烈顫抖，我們坐在前座又難受、心情又緊張，每次一震便憂心不知哪隻珍禽異獸又撞殘廢、甚至撞死了。一度我們被一陣暴雨追上，路面立刻變成一片紅色的泥漿海，卡車輪胎不斷把泥巴往上甩，看起來就像一塊塊血跡斑斑的稀粥；結果其中一輛四輪傳動的巨型卡車打滑，司機完全失去控制，最後整輛車翻倒在泥溝裡。我們沿那輛卡車周圍挖泥巴挖了一個鐘頭，再鋪滿樹枝，好讓輪胎有點抓地力，總算把車子給弄出來；幸好，車上每隻動物居然都無大礙。

當車隊穿越香蕉種植園駛進海港的那一刻，所有人都大鬆一口氣。接著獸籠與裝備全被卸下卡車，整齊堆在一臺臺用來運香蕉上船的鐵路平車上。一長列平車再沿著鐵軌穿越將近一公里的紅樹林沼澤地，開上繫船的木造碼頭。所有獸籠與裝備在碼頭上再次被卸下，整齊堆上吊索，等著被吊上船。我先上船，走到前艙口，監督卸獸籠及堆獸籠的過程。第一批動物被吊上來在甲板觸地之後，一位抓著一大團廢棉正在擦手的水手走過來，先倚著欄杆探身往下盯著停在鐵軌上那一長列堆滿獸籠的平車，再回頭看我，咧嘴一笑。

「這一大堆全是您的，先生？」他問。

「是的，」我說，「還有碼頭上的那一堆也是。」

他往前走幾步，朝其中一個木箱裡瞄。

「老天爺！」他叫道，「裡面全是動物？」

「對，全部都是。」

「老天爺！」他又叫了一次，這次語氣中帶著困惑，「我還從來沒碰過行囊裡裝了一個動物園的旅客，您是第一個。」

「沒錯，」我看著第二批獸籠被吊上甲板，快樂地對他說，「而且這是我自己的動物園。」

一張明信片

好，把動物運來這裡吧。我不知道鄰居會有怎樣的反應，不管啦。母親很想看黑猩猩，希望你會把牠們帶來。馬上就見面了。

我們都很愛你們。

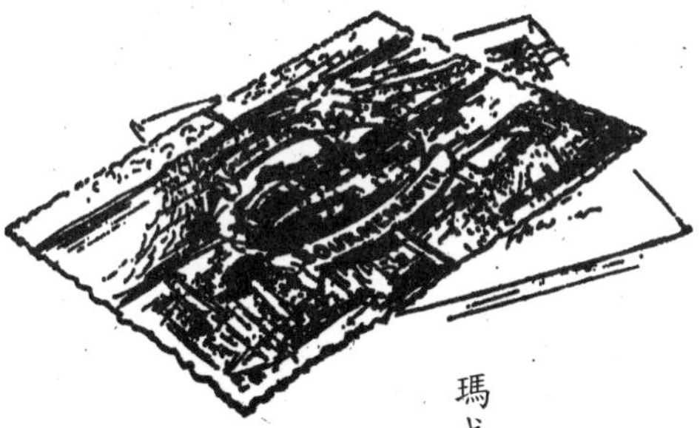

瑪戈

第八章

郊區裡的動物園

Zoo in Suburbia

大部分住在伯恩茅斯這條路上的人，當他們從自家的後花園看出去，應該都會頗感自豪，因為每家的花園跟鄰居的都很像。當然，每個花園仍略有不同：有些人喜歡種三色菫而非香豌豆花；有些人喜歡風信子，而非魯冰花，不過基本上每個花園都大同小異。但若有人看見我姊的後花園，恐怕他必須承認我姊的後花園不太一樣——這是好聽的說法。這座花園的一角搭了一座巨大的帳篷，裡面傳出各種吱吱喳喳、咆哮、哨音及鳥啭聲交織的大合唱；帳篷旁一字排開一列金屬角架組裝的籠子，分別關了鵰、禿鷹、貓頭鷹及鷹，每隻都在虎瞪你；猛禽旁是座大籠子，裡面住了黑猩猩米妮；所剩不多的草坪上，十四隻身上拴了長繩的猴子在那兒翻滾玩耍；車庫裡傳出各種蛙鳴，和蕉鵑（turaco）沙啞的叫聲，以及松鼠大聲啃榛子殼的噪音。惶惑的鄰居每天二十四小時隨時躲在蕾絲窗簾後偷窺，看我姊姊、我媽媽、蘇菲、賈姬和我在凌亂的院子裡來回奔走，手裡端著裝麵包或牛奶的小碗，或盛滿碎水果的盤子，最可怕的是血淋淋肉塊和一堆死老鼠。鄰居認為我們在強人所難，對他們極不公平。如果我們養的是報曉的公雞、狂吠的狗，或是跑到他們最美的花床裡生小貓咪的母貓，那他們還能應付，可是突然把一個不算小的動物園塞進他們的社區內，那可是史無前例、令人神經緊張的大事。剛開始，鄰居們一個個屏息噤聲，過了一陣子才終於聯合陣線，開始申訴。

同時間，我著手尋覓可以安置我那些動物的動物園。我想到最簡單的辦法，便是去找地方政府，告訴他們我擁有一大批動物，足以創立一座非常好的動物園，然後請他們讓我買或租一個適合的場地。我天真地以為，既然動物都有了，他們應該會樂意幫忙——因為他們可以不花一毛錢，就為城裡增設一處娛樂休閒設施；可惜當權人士想法不同。伯恩茅斯是個非常保守的城市，以前城裡從沒有動物園，他們因此認為現在城裡也不應該有動物園——對地方政府來說，改變即意謂著「進步」。於是他們先表示動物有危險性，然後說動物會有味道；絞盡腦汁找不到別的理由之後，最後他們說城裡沒有空地。

我開始有點生氣了。我一向不太會應付官僚自以為是、違背邏輯的心態；我逐漸感到憂心，因為他們完全不肯合作。動物們坐在後花園裡整天吃個不停，每個星期光是買肉和買水果就是一筆不小的財富。而鄰居們對我們不肯循規蹈距、入鄉隨俗的行徑已反感到極點，不斷向當地衛生局抱怨。可憐的公共衛生檢查員，不論他願不願意，平均每週至少必須來我們家抽查兩次。鄰居提出種種誇張的指控，他找不到任何證據，並不能改變現實；只要有人抱怨，他就必須來調查。每次那可憐的傢伙一來，我們一定請他喝杯茶。後來他變得特別喜歡某些動物，甚至帶他女兒來看。不過我最大的憂慮是冬天迫近，大帳篷裡沒暖氣，動物們不可能熬過嚴寒的冬季。這時賈姬突然想到個好主意。

「何不去找城裡的大商家洽談，讓我們的動物做他們的聖誕表演節目。」她提議。

於是我打電話給伯恩茅斯城裡的每一家大店；每一家的態度都親切迷人，可惜都無濟於事。這個提議雖然誘人，但店家根本沒這麼大的空間。最後我打電話給我名單上最後一家艾倫百貨公司[19]，沒想到他們極感興趣，約我去談談，令我喜出望外。「杜瑞爾野生動物園」於焉誕生。

他們把大樓地下室一大區空出來，替動物搭建寬敞的籠子，又在牆上彩繪熱帶林相，布置得極有品味。動物們及時告別了已開始濕冷的戶外，搬進燈光明亮又恆溫的室內。門票收入剛好足夠支付食物費用，不再持續耗蝕我的積蓄。解決這個煩惱之後，我可以再度傾全力去尋找動物園。

我若把那段時間所經歷的種種挫折鉅細靡遺加以重述，或把我約見過、爭論過的市長、地方政府官員、公園管理主管及衛生局官員全編個名冊，那我會累死。我只想說，那段時間我見了那麼多看起來精明睿智的人，徒勞無功地想說服他們在任何一個城市裡增設一座動物園，應該都會為那個城市增加一個景點，絕不是件壞事，但有時候我真的覺得自己的大腦在嘎吱作響，觀察那些人的反應，彷彿我想去碼頭上引爆原子彈似的。

對自己的命運懸而未決渾然不知的動物們，在那段期間也卯足了勁讓我們的生活更加刺激。像是有一天，狒狒喬琪娜突然決定她不想只待在艾倫百貨公司的地下室，而想去看看伯恩茅斯的城市街景。幸好那是個星期天早晨，店裡沒客人，否則我真不敢想像後果。

那天早上，進城去店裡清洗獸籠及餵食動物之前，我正坐在家裡享受一杯早茶，電話鈴響了，我十分悠閒地接起電話。

19 J. J. Allen，後來被House of Fraser收購，二〇〇七年更名為福來莎百貨。

「您是杜瑞爾先生嗎？」一個十分憂愁又低沉的聲音問道。

「我是。」

「我是警察，先生。您有一隻猴子跑出來了，我想還是通知您一聲比較妥當。」

「老天！哪一隻跑出來了？」我問。

「我不會講，先生。棕色的、很大一隻。牠看起來很凶啊，所以我想還是通知您一聲比較妥當。」

「哦，太感謝了。牠現在在哪裡？」

「嗯，牠正待在其中一個櫥窗裡，不過我看牠不會在那裡待很久。牠會咬人嗎，先生？」

「可能會哦！別接近牠。我馬上到。」我摔了話筒就走。

我叫計程車，飛車趕去城中心，無視沿途任何限速標誌。我心裡想，畢竟這是警務啊！

付計程車車費的時候，首先映入我眼簾的是艾倫百貨公司一個大櫥窗內一片混亂的景象。那個展示臥室寢具的櫥窗本來經過精心布置：一張鋪了全套床具的大床、一盞很高的床頭燈、好幾床鳧絨被雅致地垂到地上……至少設計師剛布置完是這幅景象。但此時此刻，櫥窗內看起來就像颱風剛過境：床頭燈已倒，把其中一床鳧絨燒了個大洞，床具全被扯下地，床單上踩滿腳印，形成極具風格的圖案，喬琪娜盤踞床中央，正快樂無比地跳上跳下，並對一群本想去教堂做禮拜、現在卻一臉震驚停在櫥窗外往內看的紳士淑女呲牙裂嘴。我趕忙走進店裡，發現兩名身穿警官制服的彪形大漢，躲在由兩大排土耳其浴巾形成的圍牆後面，伺機伏擊。

「噢！您來啦，先生！」其中一位如釋重負地說，「我們不想去抓牠，因為牠不認識我們嘛，我們認為去抓牠可能會使情況更加惡化，對吧？」

「你們做什麼都沒差別，那頭動物頑劣得很，」我氣憤地說。「其實她根本不會傷人，只不過很會大呼小叫，裝得一副很狂暴的模樣……全是唬人的。」

「是嗎？」其中一位警官極有禮貌、卻完全不信地說。

「我現在進櫥窗，希望能抓住她，但如果給她跑了，請你們兩位擋住她，看在阿拉的分上，千萬別讓她跑進磁器部門。」

「她就是從磁器部門過來的。」另一位警官表情陰鬱、極有權威地說。

「她打破東西了嗎？」我趕快問，覺得自己好像要暈倒了。

「幸好沒有。她直接衝過來，我和比爾在後面追她，所以她停都沒停。」

「嗯，千萬別讓她再跑回去，搞不好下一次就沒這麼幸運了。」

這時賈姬和我姊姊瑪戈也已搭計程車趕到，因此圍捕陣容增加至五人；我認為對付喬琪娜應該夠了。我將兩名警官、我太太及我姊姊分別安置於重要據點，把守磁器部門入口，自己繞道進入櫥窗。喬琪娜還在亂成一團的床中間跳上跳下，對著窗外的觀眾做出各種令人驚駭的表情。

「喬琪娜，」我用具安撫作用的平靜聲音呼喚她，「過來！來爹地這裡。」

喬琪娜回頭看見我，大吃一驚。她看我慢慢朝她移近，研究我臉上的表情，決定我那蜜糖似的語調是騙人的，於是屏氣凝神，騰身一躍，跳過仍在冒黑煙的鳧絨被，抓住形成櫥窗展示背景、即那兩大片懸掛下來的土耳其浴巾。這道毛巾牆哪能承受一隻大狒狒的重量？嘩啦啦一陣從空中往下罩，喬琪娜跟著摔到在地，被埋在一大團五顏六色的毛巾底下。她奮力掙脫，就在我撲過去想抓住她的剎那鑽了出來，歇斯底里大叫一聲，跳出櫥窗，進入商店。我趕緊將罩在身上的毛巾扯掉，隨後追過去。這時突然傳來一聲我姊姊刺耳的尖叫，讓我知道喬琪娜的去向；我姊姊一遇到緊急狀況，就會像蒸汽火車頭拉汽笛。喬琪娜早已從她身邊竄過，此刻正蹲坐在一個櫃檯上，雙眼閃閃發光地審視我們，顯然覺得這遊戲好玩極了。我們五人連成一線，朝她逼近。那個櫃檯的盡頭，正好有一組由冬青葉、彩光紙及硬紙板折成的星星所組成的聖誕節吊飾從天花板垂下來，形狀類似吊燈，在喬琪娜看來，用來抓住表演空中飛人正適合。她退到櫃檯盡頭，蓄勢待發，就在我們衝向她的那瞬間，凌空一躍，抓住吊飾，身手之靈活，好比范朋克[20]！可惜吊飾應聲斷裂，連帶喬琪娜砰然墜地，喬琪娜一骨碌跳起來，奔逃而去，一隻耳朵上還掛著一串彩光紙。

接下來半個鐘頭，我們在空蕩蕩的百貨公司裡橫衝直撞追捕狒狒，但她永遠一「躍」領先。她先在文具部撞翻一大堆帳簿，接著在一疊蕾絲碟巾前稍停片刻，測試碟巾是否適宜食用，然後在大廳主樓梯底撒了一大泡尿。就在兩位警官開始咻咻喘氣，我開始感到絕望、深怕永遠逮不到可惡的喬琪娜時，她判斷失誤，犯下大錯。本來她

20 Douglas Fairbanks，與卓別林同時期的好萊塢默劇影帝，以飾演俠盜羅賓漢和蒙面俠蘇洛為代表作。

大步跑在我們前面，輕鬆領先，來到一捲捲立在地上的油地毯前面，覺得那裡看起來像是完美的藏身之處，便倏地鑽進去；這下子她可輸定了。因為這些油地毯排列成一個空心方塊，三面堵死。我們立即包圍過去，堵住油毯地毯陷阱的出口。我一臉嚴肅地朝她逼近，她坐在那兒死命尖叫求饒。我朝她撲過去，想捉住她，她頭一低，從我手底下鑽了出去；我迅速轉身想阻止她逃跑，不小心撞到其中一大捲油地毯，還來不及抬手去擋，那捲油氈地毯往前倒，就像一根巨大的警棍，正好敲在其中一位警官的頭盔上。可憐的警官踉蹌往後退，喬琪娜瞄到我臉上的表情，決定此刻她需要警方保護，便衝到還在搖搖晃晃的警官身邊，把他兩條腿抱得緊緊的，一邊回頭看我，繼續尖叫。我縱身往前，緊緊揪住她的毛腿和她的後頸，把她從警官先生的腿上拽下來。

「我的老天！剛才我還以為我大限到了！」那位警官情緒激動地說。

「噢，她不會咬你的，」我提高嗓子，壓過喬琪娜的尖叫聲。「她是希望你能保護她，擋住我。」

「我的老天！」警官又說了一遍，「我真高興終於結束了。」

我們把喬琪娜關回她的籠子裡，謝謝兩位警官，收拾了殘局，清理所有的獸籠，餵過所有的動物，才回家休息。可是那天剩下的時間，每次電話鈴一響，都讓我嚇得跳起來。

另一隻讓我們必須隨時保持警覺的動物，當然是黑猩猩強穆力．聖約翰。他住進英國的房子安頓下來，又收服了我母親和我姊姊之後，立刻感染重感冒，並且迅速惡化成支氣管炎。等病終於好了，仍舊喘得厲害，於是我下達命令，至少第一個冬天，每天都必須給他穿衣服保暖。他因為跟我們住在屋子裡，早已開始穿紙尿片和塑膠褲，所以並不排斥穿衣服。

一等我做出這個決定，我母親立即著手織毛衣。母親雙眼發光，整天把毛線針敲得咔咔響，然後在破紀錄的短時間內，以極複雜的費爾島花式編織法[21]替那隻黑猩猩織出許多套顏色鮮豔的毛線褲及上衣。從此強穆力每天換一套衣服，懶散地在客廳窗臺上或坐或躺、或啃蘋果，完全不理會老擠在柵欄門外、目不轉睛盯著牠看的一群群小學生。

人們對強穆力的反應經常耐人尋味。比方說，小孩子都認為他只是一隻很像人類的動物，而且他很滑稽、很搞笑；但成年人恐怕就沒那麼聰明了。我碰過無數看似智商很高的人都曾經問我同樣的問題：他會不會講話？以前我總回答說，黑猩猩的確有牠們自己的語言，但字彙有限。後來我發現提問的人其實不在問這個，他們想知道的是——黑猩猩會跟人類一樣對話，討論類似政情、冷戰局勢，或其他有趣的話題嗎？

不過我被問到有關強穆力最特別的一個問題，提問的人是一名中年婦女。我們家附近有一片濱海高爾夫球場，碰到好天氣，我常帶強穆力去那裡，讓牠爬到松樹林的樹冠上去玩，我則坐在松樹下看書或寫作。那一天強穆力在樹上玩了約莫半個小時就玩膩了，爬下來坐在我大腿上想逗我搔他癢。就在那個時候，那位奇怪的女士從荊豆叢後面踱出來，瞧見強穆力和我，停下腳步，盯著我們看了一會兒。多數人突然看見一隻穿著費爾島花毛衣的黑猩猩出現在濱海高爾夫球場，都會大驚小怪，這位女士卻不動聲色，只趨近仔細端詳坐在我腿上的強穆力，然後轉頭目光如炬地問我：

「牠們有靈魂嗎？」

「我不知道，夫人，」我答，「連我自己有沒有靈魂我都不確定，所以不能替黑猩

21 Fair-Isle，蘇格蘭設得蘭群島中的一個小島，以不同顏色的數根毛線同時織出有花樣的毛線衣聞名。

猩擔保。」

「嗯。」她說完就走了。強穆力對人就是有這種影響力。

和強穆力生活在一起，當然很有意思。他的個性，再加上他的智力，使他成為我養過最有趣的動物之一；但令我最難忘的是他的記憶力——那簡直是奇蹟。

那時我擁有一輛帶邊車的蘭美達牌速克達摩托車。我決定強穆力若懂得乖乖坐在邊車裡，不企圖往外跳，我就帶牠出去兜風。第一次實驗，我騎車載牠去濱海高爾夫球場、再騎回家。一路上他端坐在邊車裡欣賞沿路風光，極具王者風範；除了老想探身去抓路過的單車騎士，他的表現堪稱典範。後來有一次我騎去附近加油站加油，強穆力對那間加油站超感興趣，就像加油站的服務員對他超感興趣一般。他從邊車裡探身往外，聚精會神觀看油箱蓋如何被轉開、油管如何被插入油箱，汽油咕嚕咕嚕灌進油箱裡的聲音更讓他驚訝地不停自言自語，「嗚嗚嗚」叫個不停。

蘭美達牌的摩托車非常省油，加一次油可以跑極長的距離，平常我又很少騎它，所以等下一次需要加油，已經過了兩個星期。那天我們去附近一座水磨坊去拜訪強穆力的好朋友，即磨坊的主人。這位好好先生非常崇拜強穆力，每次都會為我們泡一壺茶，然後我們三個排排坐在堰堤上一邊品茶、沉思，一邊看紅冠水雞在小河裡游來游去。回程我注意到摩托車油箱快空了，便開去加油站。

進站後我先和加油員寒暄，卻注意到他的眼光落在我肩膀後面，而且一臉震驚。我趕緊回頭查看強穆力是否又在搗蛋，卻看見強穆力已爬出邊車，坐在後座上，正忙著想把油缸蓋轉開。這樣的記憶實在不簡單。首先，整個加油過程他只看過一次，而且已時隔兩週；其次，摩托車上零件這麼多，他卻記得一清二楚，在這個情況下，必須去轉這個蓋子。我跟加油員一樣，快對強穆力佩服得五體投地了。

強穆力最令我難忘的，除了他的記憶力，還有他驚人的觀察能力。他展現後者最具代表性的事件，是我帶他去倫敦那兩次。第一次我們是去上一個電視節目，第二次是去演講，兩次都是我姊姊開車，載我去倫敦。一路上強穆力都坐在我大腿上，興味盎然地看風景。開了大約一半的路程，我建議停下來喝杯飲料，但帶著強穆力，選擇酒館必須十分小心，因為並不是所有的酒館主人都樂意招待黑猩猩。那天我們終於看到一家裝修及布置樸實的酒館，進去之後還發現酒館女主人熱愛動物，而且她和強穆力一拍即合，令我們大鬆一口氣，強穆力則喜出望外。女主人讓他在酒吧區的桌子之間玩自由摔跤，還無限供應他柳橙汁和炸薯片，甚至讓他站在吧檯上表演戰舞，一邊跺腳、一邊叫「呼！呼！呼！……」。他和酒館女主相見恨晚，最後很不願意離開。強穆力若是皇家汽車俱樂部的餐廳旅館評鑑員，肯定會給那家酒館十二顆星。

三個月之後，我必須帶強穆力去倫敦演講。那時我早已忘記讓強穆力度過如此快樂時光的那家酒館，而且之後我們還去過許多家同樣熱忱歡迎強穆力的酒館。那天車子在路上行駛，強穆力照常坐在我大腿上，突然開始興奮地跳上跳下。起先我以為他看見一群牛或一匹馬了（他對這兩種動物特別感興趣），但路邊看不見任何牛或馬。強穆力繼續跳，愈跳愈快，並開始「嗚嗚嗚」自言自語，但我仍看不見令他興奮的東西。他的「嗚嗚嗚」逐漸達到高潮，最後變成尖叫，在我大腿上的跳躍也變成不能控制的狂喜。然後車子轉個彎，遠遠一百公尺外，赫然出現他最喜歡的那間酒館！這表示強穆力記得酒館附近的鄉間風景，並且把這片風景和他在那間酒館內度過的快樂時光聯想在一起。我從沒在任何動物身上觀察到類似的思維過程，令我姊姊和我大為震撼，正需要停車喝杯酒壓驚。強穆力也就此和他的老朋友——酒館女主人重續前緣，更是樂不可支。

這段時期我一直為尋找動物園場地持續奮鬥，然而成功的機會卻似乎日益渺茫。冬季過去，動物們必須遷出艾倫百貨公司，得文郡的佩恩頓動物園（Paignton Zoo）適時伸出援手，慷慨大度地讓我把動物寄放在園內，代為照顧，直到我找到自己的地方為止。但如前所述，這個目標似乎愈來愈遙遠了。我的故事和絕大多數創業者並無不同，當你最需要別人幫助的時候，永遠沒人願意幫助你。唯一的解決辦法，便是勇往直前，靠自己。妙的是，有朝一日你若真的成功了，所有那些不肯幫助你創業的人全會圍過來，拍你的肩膀，熱情表示願意支援你。

有一天晚上我和賈姬把英倫群島的地圖攤開來研究，她說，「這麼多地方政府，總該有一個明理的吧？」

「我很懷疑，」我陰沉地接腔，「而且我也懷疑我是否還有力氣應付另一輪的市長和地方政府公務員。不可能的，我們非買塊地，從零開始，自己動手不可。」

「你還是得獲得他們的正式批准才行啊，」賈姬提醒我，「別忘了還有城鄉規畫法則。」

我忍不住打了個寒噤。「妳知道我們該怎麼做嗎？我們應該搬去西印度群島某個荒涼的小島上，」我說，「那裡的人一定不會蠢到用官僚制度把自己捆綁得不能動彈。」

賈姬把蹲在地圖上的強穆力推開，露出一塊地方。

「那海峽群島怎麼樣？」她突然問。

「怎麼樣？」

「海峽群島是度假勝地，氣候又好。」

「沒錯，那裡是很棒，可是我們在那裡一個人都不認識啊？」我提出異議。「做這種事需要有當地人指點才行。」

「嗯，」賈姬不情願地結束這個話題，「你說得也對。」

我們倆不情願地把海峽群島給忘了（我其實一直對將動物園設在小島上的想法情有獨鍾）。過了幾個星期，我去倫敦見魯珀特．哈特－戴維斯[22]，跟他談我創立動物園的計畫，一線光明才突然出現。我老實告訴魯珀特，如今創建我自己的動物園機會

22 Rupert Hart-Davis，英國二戰後極重要的出版商及編輯，杜瑞爾的書本來由他出版，但因他不迎合一般讀者口味，他的出版社很快賠錢關閉，他改行專門從事編輯，成為英國的「編輯王」。

渺茫，我幾乎想放棄了。我說我們有想到海峽群島，但我們在那兒一個人也不認識，沒人能幫我們。魯珀特頓時坐直身體，臉上露出魔術師變個小把戲的表情，表示他在海峽群島認識一個人，非常理想（我怎麼不早點問他呢?!），那個人一輩子都住在海峽群島上，又熱心，一定樂意幫我們；此人即是修．弗雷澤少校（Hugh Fraser）。當晚我便打電話給他。一個陌生人突然去電問他該如何創辦一座動物園，他似乎一點也不覺得奇怪，令我對他油然生出極大的好感。他建議我和賈姬飛去澤西，他願意帶我們去島上四處看看，並且盡可能提供我們資訊。我們立刻安排出發，飛去澤西。

飛機下降時，那座小島從空中看就像一塊玩具陸洲，由迷你的綠色田野拼湊而成，浮在蔚藍的海洋上。環島的岩岸像一圈可愛的皺皮，不時被一段段平滑的沙灘截斷，沙灘外的海水都像被攪拌成一條條的。我們走下飛機，踏上柏油碎石鋪成的停機坪，感覺那兒的空氣似乎比較暖和，陽光也似乎比較明亮；我的精神為之一振。

修．弗雷澤在停車場等我們。他個子瘦高，戴一頂窄邊軟絨帽，帽沿壓得很低，幾乎搭在他的鷹勾鼻上。他領我們坐進他車裡，駛出機場，一路上他那雙藍眼一直閃爍著幽默感。我們先駛過澤西島的首都聖赫利爾，它看起來就像個典型的英格蘭中世紀集鎮。我驚訝地瞧見一位穿白外套、戴白頭盔的警察站在十字路口指揮交通，那幅景象突然為那地方平添幾許熱帶情調。出城後，路面變得很窄，路堤很陡，兩旁行道樹往路中心傾料，樹冠層的枝椏交織成一片，將馬路變成一條綠色的甬道。沿路兩旁的紅土及濃綠草地讓我想起得文郡，只不過這兒的風景是微型景觀：迷你的農田、塞滿樹的狹窄山谷、用陽光一照便反射出千百萬種秋天色彩的澤西花崗岩蓋的小巧農舍。然後我們轉出馬路，駛進一條深長的車道，驟然間，修的家，雷斯奧格勒斯莊園宅第（Les Augres Manor），矗立眼前。

那幢宅第蓋得像座三合院，正房與兩側廂房形成一個少了中間那條槓的「E」字；兩側廂房的盡頭各有一座巨大的石造拱門，通往庭院；這兩座宏偉的石拱門皆建於一六六〇年左右，和整幢宅第一樣，全由澤西當地生產極美的粉紅花崗岩建成。修帶我們參觀他的產業，從頭到尾他的自豪一直溢於言表——榨蘋果汁的花崗岩古董石磨、以前養牛的花崗岩古董畜舍、古老的牆上花園、由蒲草床鑲邊的小湖、許多條小溪潺潺流經的沉陷水淹草地……等我們終於漫步往回走，從石拱門下穿過，走進陽光滿溢的庭院時，我說：

「你知道嗎，修，你這個地方太美了。」

「是，它的確很美……我想這大概是島上最美的宅第之一。」修說。

我轉頭對賈姬說：「如果我們能把動物園設在這裡，豈不完美？」

「嗯，我同意。」賈姬回答。

修看了我一秒鐘，然後問我，「你是在開玩笑？」

「我當然是在開玩笑，不過這個地方的確很適合做動物園。你為什麼這樣問？」我問他。

修若有所思地說，「最近我意識到維護這個地方對我來說開銷太大了，而且我想搬去本土。你有意願租下這個地方嗎？」

「我有意願嗎?!」我說，「請給我一個機會吧！」

「我們進屋去談，老弟。」修說罷便帶領我們穿過庭院。

就這樣，在經過一整年與各地方政府斡旋、飽受挫折感煎熬之後，我飛去澤西島，在下飛機不到一小時之內，便找到了我設立動物園的地點。

後記

我所創建的澤西動物園對外開放已將滿一週年；我們可能是歐洲最新的一所動物園，我希望也是最好的一所動物園。我們的動物園雖小（目前哺乳動物、鳥類及爬蟲類為數僅六百五十隻左右），但規模一定會持續擴大。我們所擁有的動物，有許多種是在別的動物園絕對看不到的。未來，若經費許可，我們希望能把致力的重點放在瀕危物種上。

在我們展示的動物中，許多是我自己蒐集回來的。前文提過，這是擁有自己的動物園最棒的一點——你可以把動物帶回來，繼續觀察牠們的發展，看牠們繁殖後代；無論白天夜晚，任何時間都可以去探望牠們——這是擁有自己的動物園最自私的理由。同時我也希望略盡棉薄，激發一般人對野生動物及動物保育工作產生興趣。如果我做到了這一點，那麼我從事的工作就有了意義。日後若能為防止物種滅絕做出任何貢獻——即使只是拯救一種動物！此生足矣。

如果你喜歡這本書，容我邀請您加入我的工作行列，共同拯救更多的動物。您願意加入我的基金會嗎？入會年費數目雖小，但我可以向您保證，您的錢一定會被善加利用。如果您對動物的命運與前途感興趣，請來函向我們索取進一步的資料，我們的地址是：

Durrell Wildlife Conservation Trust

Les Augrès Manor

Jersey, Channel Islands, JE3 5BP

UK

Or visit the website: www.durrell.org

Email: info@durrell.org

Facebook: www.facebook.com/DurrellWildlife

從動物的角度來看，這項工作絕對是當務之急。所以，請您趕快加入我們的工作行列。

來自杜瑞爾野生動植物保育信託的訊息

這本書的結尾，並非杜瑞爾故事的結束，但願也不是您的故事的結束。杜瑞爾用果醬瓶和餅乾盒收集過的生物，影響了他後來拯救全世界瀕絕動物的工作；他在科孚的童年，啟發了他終身致力保育浩繁動物生命的漫長改革運動。

這場改革運動並沒有因為杜瑞爾於一九九五年辭世而結束，透過他書中文字流露的對這「神奇世界」的愛與尊重，他仍不斷在啟發世界各角落的讀者；透過他一手創辦的野生動物保育基金的戮力合作，他的工作也會持續進行下去。

多年來，許多杜瑞爾的讀者受到他的感召，不願闔上書後，就此遺忘。他們希望加入這場改革運動，開啟自己的故事；但願今天你也有這種感覺。杜瑞爾用他的書和一生，留給我們一個挑戰：「動物是沒有聲音、沒有投票權的最大多數。」他寫道，「沒有我們的幫助，牠們不可能生存下去。」

國家圖書館出版品預行編目(CIP)資料

行李箱裡的野獸們：誕生於英國澤西島的保育奇蹟 / 傑洛德・杜瑞爾著；康嘉慧譯. -- 初版. -- 新北市：木馬文化出版：遠足文化發行, 2020.07
272 面；14.8 × 21 公分
杜瑞爾野生動植物保育信託60週年紀念版
譯自：A zoo in my luggage

ISBN 978-986-359-780-3 (平裝). --

1.動物 2.遊記 3.喀麥隆

385.642 109003088

行李箱裡的野獸們：誕生於英國澤西島的保育奇蹟

【杜瑞爾野生動植物保育信託60週年紀念版】

A Zoo in My Luggage

作　　者　傑洛德・杜瑞爾（Gerald Durrell）
譯　　者　唐嘉慧
審　　訂　曾文宣
社　　長　陳蕙慧
副總編輯　戴偉傑
主　　編　周小仙
行銷企畫　陳雅雯、尹子麟、洪啟軒
封面設計　許晉維
封面插畫　Via Fang
內頁排版　極翔企業有限公司
集團社長　郭重興
發行人兼出版總監　曾大福
印　　務　黃禮賢、李孟儒
出　　版　木馬文化事業股份有限公司
發　　行　遠足文化事業股份有限公司
地　　址　231新北市新店區民權路108之4號8樓
電　　話　02-2218-1417　　傳　　真　02-8667-1065
Email　service@bookrep.com.tw
郵撥帳號　19588272 木馬文化事業股份有限公司
客服專線　0800221029
法律顧問　華陽國際專利商標事務所　蘇文生律師
印　　刷　前進彩藝有限公司
初　　版　2020年7月
定　　價　新臺幣360元
ISBN 978-986-359-780-3

歡迎團體訂購，另有優惠，請洽業務部02-22181417分機1124、1135